THÉORIE
DE
L'ÉLASTICITÉ DES CORPS SOLIDES.

OUVRAGES DE M. ÉMILE MATHIEU.

Dynamique analytique. In-4; 1878............................. 15 fr.

Tous les Ouvrages de Mécanique commencent par l'exposition des mêmes principes; mais ils se séparent bientôt selon que l'auteur a voulu faire un Traité de Mécanique rationnelle ou s'est proposé surtout la Théorie des Machines. Quant aux Ouvrages de Mécanique rationnelle, ordinairement ils renferment, surtout comme applications, des problèmes peu réalisables, tandis que la puissance de la Mécanique rationnelle se montre principalement dans l'étude du mouvement des corps célestes. Aussi est-ce vers ce côté que sont dirigées les théories de la *Dynamique analytique* de M. Mathieu, qui pourrait être intitulée *Prodrome de Mécanique céleste*. On peut citer deux Ouvrages qui ont été faits dans le même but : la *Mécanique analytique* de Lagrange et les *Vorlesungen über Dynamik* de Jacobi, qui sont de date beaucoup plus récente. Mais, bien que M. Mathieu ait utilisé tous les résultats acquis à la Science dans cette branche des Mathématiques, c'est avec celui de Lagrange que son Ouvrage a, par l'exposition, le plus d'analogie.

Traité de Physique mathématique.

I. Cours de Physique mathématique. In-4; 1873............................. 15 fr.

II. Théorie de la capillarité. In-4; 1883............................. 10 fr.

III-IV. Théorie du potentiel et ses applications à l'Électrostatique et au Magnétisme.

    Première Partie. — *Théorie du potentiel*. In-4; 1885............................. 9 fr.
    Seconde Partie. — *Électrostatique et Magnétisme*. In-4; 1886......... 12 fr.

V. Théorie de l'Électrodynamique. In-4; 1888............................. 15 fr.

VI. Théorie de l'Élasticité des corps solides.

    Première Partie. — *Considérations générales sur l'élasticité. — Emploi des coordonnées curvilignes. — Problèmes relatifs à l'équilibre d'élasticité. — Plaques vibrantes*. In-4; 1890............................. 11 fr.
    Seconde Partie. — *Mouvements vibratoires des corps solides. — Équilibre d'élasticité des lames courbes et du prisme rectangle*. In-4; 1890. 9 fr.

TRAITÉ DE PHYSIQUE MATHÉMATIQUE.

THÉORIE
DE
L'ÉLASTICITÉ DES CORPS SOLIDES

PAR

M. ÉMILE MATHIEU,

PROFESSEUR A LA FACULTÉ DES SCIENCES DE NANCY.

PREMIÈRE PARTIE.

Considérations générales sur l'élasticité. — Emploi des coordonnées curvilignes.
Problèmes relatifs à l'équilibre d'élasticité. — Plaques vibrantes.

PARIS,
GAUTHIER-VILLARS ET FILS, IMPRIMEURS-LIBRAIRES
DU BUREAU DES LONGITUDES, DE L'ÉCOLE POLYTECHNIQUE,
Quai des Grands-Augustins, 55.
—
1890
(Tous droits réservés.)

PRÉFACE.

La *Théorie de l'Élasticité des corps solides* forme une des branches de la Physique mathématique. Elle étudie l'équilibre d'élasticité de ces corps et leurs mouvements vibratoires. Cette théorie se propose, entre autres problèmes, ceux dont les ingénieurs s'occupent dans les Ouvrages intitulés : *Théorie de la résistance des matériaux.*

Dans ces Ouvrages, on appuie ses calculs sur des hypothèses, en général, assez simples, mais qui, par cela même, ne sont pas entièrement exactes, mais seulement approchées. Au point de vue mathématique, ces hypothèses ne sont point nécessaires; elles ne font que se substituer à des résultats qui devraient être fournis par l'Analyse. Si les solutions, obtenues ainsi, peuvent cependant être admises dans l'art de l'ingénieur, cela tient, en grande partie, à ce que dans la pratique on a coutume de s'imposer la condition d'une résistance au moins trois ou quatre fois plus grande que celle qui a été trouvée par les calculs de la résistance des matériaux.

Ces calculs sont, en général, incomparablement plus simples que ceux de la théorie de l'élasticité; aussi peut-on souvent par ces procédés traiter des questions qui n'ont pu encore être abordées par les méthodes rigoureuses.

Par compensation, la Théorie de l'Élasticité ne repose que sur les principes de la Mécanique rationnelle, et l'on en déduit d'une manière rigoureuse les équations aux différences partielles de chaque problème. L'intégration de ces équations forme, en général, la partie la plus difficile du problème.

Cet Ouvrage est divisé de la manière suivante :

Dans le Chapitre I, on considère un corps solide homogène, mais de la nature des corps cristallisés, c'est-à-dire dont l'élasticité varie avec la direction. On y recherche la distribution des forces élastiques dans ce corps, ainsi que la distribution des dilatations et des glissements. On y donne l'expression du travail des forces élastiques, et l'on met les équations différentielles de l'élasticité sous plusieurs formes différentes.

Dans le Chapitre II, on commence par rechercher comment se simplifient les équations différentielles du Chapitre précédent dans le cas particulier où le corps solide est isotrope. On résout ensuite quelques problèmes faciles sur l'équilibre d'élasticité. Enfin, on montre comment on peut reconnaître qu'un corps solide, même isotrope, ne peut être considéré comme formé par un système de molécules qui s'attirent ou se repoussent mutuellement suivant une fonction de la distance.

Le Chapitre III est consacré à la détermination de la torsion et de la flexion des cylindres, d'après la théorie de de Saint-Venant.

Dans le Chapitre IV, je détermine les équations de l'élasticité en coordonnées curvilignes, données par Lamé en 1841, mais en employant des calculs plus simples que ceux de ce géomètre. Les coordonnées curvilignes de Lamé dépendent d'un triple système de surfaces orthogonales. Je montre comment on peut étendre les formules, en prenant un système de coordonnées, qui dépend d'un système de surfaces joint à ses trajectoires orthogonales.

Dans le Chapitre V, j'étudie les déformations, qui ne sont pas très petites, des tiges minces. Kirchhoff a donné une théorie de ces déformations qui manque de rigueur. J'ai repris ce sujet, en en changeant complètement l'exposition, afin de n'entrer d'abord que dans des considérations entièrement rigoureuses, que je n'abandonne que tout à fait à la fin de la recherche. Je retrouve d'ailleurs, pour formules finales, celles de Kirchhoff. Je fais ensuite différentes applications de ces formules.

Dans le Chapitre VI, je traite avec beaucoup de développements l'équilibre et le mouvement vibratoire des plaques et membranes planes.

Le Chapitre VII est entièrement consacré à l'Acoustique. J'y donne le mode de propagation des ondes sonores dans une tige indéfinie ou dans un milieu isotrope indéfini. J'étudie aussi les mouvements vibratoires longitudinaux ou transversaux des lames et tiges droites, et je montre l'accord des résultats obtenus avec ceux de l'expérience.

Le sujet du Chapitre VIII est l'équilibre ou le mouvement vibratoire des lames courbes. Je l'avais traité auparavant, en 1882, dans le LIe Cahier du *Journal de l'École Polytechnique*.

Le Chapitre IX se rapporte au mouvement vibratoire des cloches. Je reproduis les résultats, alors entièrement nouveaux, que j'ai obtenus sur ce sujet dans le même Cahier de ce Journal.

Enfin, dans le Chapitre X, se trouve traité l'équilibre d'élasticité d'un prisme rectangle, dont les deux bases sont appuyées contre deux murs absolument rigides, en supposant que les pressions exercées sur les faces latérales ne varient pas suivant la longueur du prisme. J'avais déjà traité ce problème, pour un cas moins étendu, dans le XLIXe Cahier du *Journal de l'École Polytechnique*.

É. MATHIEU.

Nancy, le 20 mars 1890.

THÉORIE
DE
L'ÉLASTICITÉ DES CORPS SOLIDES.

CHAPITRE I.
CONSIDÉRATIONS GÉNÉRALES SUR L'ÉLASTICITÉ DES CORPS SOLIDES.

On appelle *élasticité* cette tendance des corps à revenir à leur première forme, quand on les a légèrement déformés s'ils sont solides, ou qu'on a modifié leur volume s'ils sont fluides, et qu'on a fait ensuite cesser la cause de ce changement.

Si, par exemple, une tige de cuivre est faiblement déformée par des forces qu'on y applique, en supprimant ces forces on fera reprendre, après des oscillations, aux différentes molécules de cette tige leurs premières positions relatives.

Quand on comprime les liquides et les gaz dans un vase rigide, les déplacements sont, en général, trop grands pour que les molécules reviennent à leurs premières positions, après que la compression a cessé; mais alors ces corps reprennent néanmoins un état identique à celui qu'ils possédaient.

L'élasticité intervient dans un grand nombre de phénomènes physiques. Ainsi, c'est par l'élasticité d'un milieu dans lequel ils se trouvent renfermés que les corps électrisés agissent l'un sur l'autre, et il en est de même des corps célestes. On sait d'ailleurs que c'est par la considération de l'élasticité de l'éther que l'on démontre les propriétés de la lumière.

Dans ce Livre, nous ne nous occuperons que de l'élasticité des corps solides.

Forces élastiques.

1. Nous dirons qu'un corps solide est à l'état naturel quand il ne sera sollicité par aucune force extérieure ; on le concevra donc même soustrait à la pesanteur. La pesanteur déforme, en effet, les corps solides ; dans un grand nombre de cas, on pourra négliger cette déformation ; mais on en tiendra compte quand on le jugera nécessaire.

Concevons un prisme droit très allongé, c'est-à-dire dont les dimensions des bases soient très petites par rapport à la longueur. Appliquons des tractions égales et contraires sur ces bases, de manière à accroître d'une petite quantité la longueur du prisme. Alors un nouvel état d'équilibre s'établit. Décomposons ce prisme en tranches très minces, parallèles aux bases ; chacune de ces tranches sera sollicitée par des tractions égales et contraires, appliquées à ses bases, et égales à celles qui sont appliquées sur les bases du prisme. Et l'on comprend d'une manière générale que les changements de forme d'un corps solide élastique sont toujours accompagnés de forces développées à l'intérieur de ce corps. Si l'on cesse de solliciter la surface du corps et si, dans toutes les parties de ce corps, la déformation était restée suffisamment petite, le corps revient à sa forme primitive et les forces qu'on avait développées à son intérieur disparaissent.

Quand les forces exercées à la surface d'un corps solide élastique sont trop intenses ou plutôt quand les déformations qu'elles produisent sont trop grandes en certaines parties du corps, le corps conserve une déformation permanente dans ces parties, après que ces forces ont été retirées, et l'on dit que la limite d'élasticité a été dépassée dans ces parties.

Quand un corps solide est à l'état naturel, ce corps se trouve dans un état d'équilibre, et, par conséquent, la résultante de toutes les forces qui agissent sur chaque molécule de ce corps est nulle. Quant à l'action élémentaire entre deux molécules, elle doit généralement changer de sens suivant la distance qui les sépare, être répulsive quand cette distance est inférieure à une certaine limite, nulle pour une distance plus grande, et attractive ensuite depuis cette distance jusqu'à la longueur du rayon de la sphère d'activité, à partir de laquelle l'action devient nulle. Le rayon de cette sphère est extrêmement petit et plus petit que les longueurs appelées *microscopiques*.

2. Partageons un corps solide par un plan en deux parties, A et B. Si la surface de ce corps est sollicitée par des forces extérieures, la partie A agira sur B, et B exercera une action égale et contraire sur A. Or il est naturel de regarder l'action de A sur B comme provenant de la somme des actions des molécules de A sur celles de B.

Sur le plan P, qui sépare A et B, prenons une surface ω extrêmement petite par rapport aux dimensions du corps, mais très grande par rapport au rayon a de la sphère d'activité. Sur cet élément ω pris pour base, menons un cylindre H dans A et un autre K dans B, les hauteurs des deux cylindres étant réduites à a. La résultante des actions des molécules de H sur celles de K sera dite la *force élastique* exercée par A sur B en l'élément de surface ω.

Regardons l'action d'une molécule sur une autre comme une fonction de leur distance.

Soient m une molécule de H, m' une molécule de K, r leur distance et $mm'f(r)$ l'action de m sur m', regardée comme positive ou négative, suivant qu'elle sera répulsive ou attractive.

En désignant par α, β, γ les cosinus des angles de r avec les axes des coordonnées, nous aurons, pour les composantes de cette action suivant ces trois axes,

$$mm'\alpha f(r), \quad mm'\beta f(r), \quad mm'\gamma f(r).$$

Donc les composantes de la force élastique exercée par A sur l'élément ω de B seront

$$\Sigma_m \Sigma_{m'} mm'\alpha f(r), \quad \Sigma_m \Sigma_{m'} mm'\beta f(r), \quad \Sigma_m \Sigma_{m'} mm'\gamma f(r),$$

les signes de sommation Σ s'étendant, l'un à toutes les molécules m situées dans H, l'autre à toutes les molécules m' situées dans K.

La résultante des actions des molécules de K sur celles de H sera la force élastique exercée par B sur A en l'élément ω, et, d'après le principe de la réaction, cette force élastique sera égale et directement opposée à la première.

Désignons par Eω la force élastique exercée par A sur B en l'élément ω; concevons en un point M de ω une force dont l'intensité est E et dont la direction est la même que celle de la force précédente; cette force E sera la force élastique exercée en M sur le plan P et estimée par unité de surface. Cette force E sera, en général, oblique sur le plan P; si elle est normale et dirigée vers A, elle sera une *traction;* si elle est normale et dirigée vers B, elle sera une *pression;* si enfin elle est située dans le plan P, elle sera dite *force élastique tangentielle.*

Si la force E est oblique sur P, on pourra aussi l'appeler *traction oblique* ou *pression oblique,* suivant qu'elle sera dirigée vers A ou vers B.

La force élastique exercée en M dans le plan P par B sur A sera égale et directement opposée à la même force exercée par A sur B; elle sera une traction ou une pression, suivant que la seconde sera elle-même une traction ou une pression.

3. La définition qui précède de la force élastique se présente fort naturellement. Elle repose sur cette hypothèse, faite par Navier et Poisson, les premiers fondateurs d'une théorie rationnelle de l'élasticité des corps solides, que les actions élastiques sont les résultantes d'actions de molécule à molécule suivant une fonction de la distance. Il est cependant permis d'émettre des doutes sur cette hypothèse. En admettant même que la force élastique soit une résultante d'actions de molécule libre à molécule libre, si la nature du corps varie autour de chaque point, ce qui a lieu pour la plupart des cristaux, on ne voit pas que l'action entre deux molécules ne dépende pas non seulement de la distance r, mais encore de l'orientation de cette ligne.

Or on peut se représenter la force élastique exercée sur un plan et en un point de ce plan d'une autre manière qui n'exige aucune espèce d'hypothèse. Concevons que l'on supprime la partie A du corps solide; l'état de la partie B pourra demeurer exactement le même si l'on applique sur chaque élément ω du plan P une force dont la grandeur ωE soit convenablement choisie, ainsi que la direction. Cette force ωE sera la force élastique exercée par A sur l'élément ω de B, et la force E, appliquée en un point M de ω et ayant même direction, sera la force élastique exercée en M par A sur le plan P, qui sépare A de B.

Cette seconde manière de se représenter la force élastique en un point d'un plan n'a pas le même degré de précision que la première; mais, par cela même, elle donnera des formules plus générales. En comparant ensuite ces formules avec les résultats de l'expérience, on pourra examiner si cette généralité est nécessaire ou non. Or on reconnaîtra ainsi que la première définition est trop particulière et doit, par suite, être abandonnée.

Les corps solides que nous considérerons dans ce Livre seront homogènes, en sorte que toutes les parties d'un même corps seront de même nature. Parmi ces corps, les uns sont *isotropes* et sont identiques tout autour d'un même point; ils se compriment de la même manière dans tous les sens. Les autres, exigeant une étude plus compliquée, sont de nature variable autour d'un même point, mais ils sont identiques dans une même direction. Leur compressibilité varie alors avec la direction de la compression.

Les corps homogènes non isotropes renferment la plupart des cristaux; mais ils contiennent aussi certains corps métalliques non cristallisés, employés dans les arts, et auxquels le forgeage ou le laminage a ôté l'isotropie.

Équations exprimant l'équilibre d'élasticité d'un corps solide.

4. Concevons un corps en équilibre d'élasticité sous l'action de forces appliquées à sa surface et de forces agissant à l'intérieur du corps comme la pesanteur. Alors toute partie infiniment petite de ce corps sera elle-même en équilibre sous l'action des forces élastiques qui s'exercent à sa surface et de la force qui sollicite les points intérieurs. Prenons pour cet élément de volume un parallélépipède rectangle dont les côtés dx, dy, dz sont parallèles aux axes de coordonnées.

Désignons par ω, et ω', les faces dont l'aire est $dy dz$, et qui sont parallèles au plan des yz, ω, étant celle qui correspond à la plus petite valeur de x. Le prisme exerce sur la partie extérieure, située du côté où les x décroissent, une force élastique $E\omega_1$, dont nous désignerons les composantes suivant les axes de coordonnées par

(a) $\quad\quad\quad\quad X_1\omega_1, \quad Y_1\omega_1, \quad Z_1\omega_1.$

Ainsi, par exemple, X_1 est positif s'il y a traction dans le sens de l'axe des x. Réciproquement, le prisme est sollicité sur sa base ω_1 par une force égale à la première et de sens contraire, ayant pour composantes

(b) $\quad\quad\quad\quad -X_1\omega_1, \quad -Y_1\omega_1, \quad -Z_1\omega_1.$

Les forces X_1, Y_1, Z_1 sont des fonctions des coordonnées x, y, z du point auquel leur résultante est appliquée ; donc la face ω'_1 du prisme est sollicitée, de la part de la portion du corps située du côté des x positifs, par une force élastique dont les composantes se déduiront des expressions (a) par le changement de x en $x + dx$, et qui auront pour valeurs

(c) $\quad \left(X_1 + \dfrac{dX_1}{dx}dx\right)\omega_1, \quad \left(Y_1 + \dfrac{dY_1}{dx}dx\right)\omega_1, \quad \left(Z_1 + \dfrac{dZ_1}{dx}dx\right)\omega_1.$

En réunissant les expressions (b) et (c), on voit que le prisme est sollicité, de la part de ses faces ω_1 et ω'_1, par une force ayant pour composantes

$$\frac{dX_1}{dx}\,dx\,dy\,dz, \quad \frac{dY_1}{dx}\,dx\,dy\,dz, \quad \frac{dZ_1}{dx}\,dx\,dy\,dz.$$

Désignons ensuite par ω_2 et ω_3 les faces $dz\,dx$ et $dx\,dy$, qui correspondent à la plus petite valeur de y ou de z, et représentons par

$$X_2, \quad Y_2, \quad Z_2,$$
$$X_3, \quad Y_3, \quad Z_3,$$

les composantes de la force élastique exercée par le parallélépipède sur ω_2 et ω_3. On en conclura de même que ce prisme est sollicité, en second lieu, par une force ayant pour composantes

$$\frac{dX_2}{dy} dx\, dy\, dz, \quad \frac{dY_2}{dy} dx\, dy\, dz, \quad \frac{dZ_2}{dy} dx\, dy\, dz,$$

et, en troisième lieu, par une force ayant pour composantes

$$\frac{dX_3}{dz} dx\, dy\, dz, \quad \frac{dY_3}{dz} dx\, dy\, dz, \quad \frac{dZ_3}{dz} dx\, dy\, dz.$$

Désignons ensuite par ρA, ρB, ρC les composantes de la force qui agit à l'intérieur du corps, en représentant par ρ la densité. L'élément de volume sera sollicité encore par une force ayant pour composantes

$$\rho A\, dx\, dy\, dz, \quad \rho B\, dx\, dy\, dz, \quad \rho C\, dx\, dy\, dz.$$

Égalons à zéro la somme des composantes des forces, relatives à chaque axe de coordonnées, et nous aurons les trois équations suivantes :

(1) $$\begin{cases} \dfrac{dX_1}{dx} + \dfrac{dX_2}{dy} + \dfrac{dX_3}{dz} + \rho A = 0, \\ \dfrac{dY_1}{dx} + \dfrac{dY_2}{dy} + \dfrac{dY_3}{dz} + \rho B = 0, \\ \dfrac{dZ_1}{dx} + \dfrac{dZ_2}{dy} + \dfrac{dZ_3}{dz} + \rho C = 0. \end{cases}$$

5. Pour achever d'exprimer l'équilibre du prisme, nous avons encore à former les équations des moments autour de trois droites parallèles aux axes de coordonnées; nous mènerons ces trois droites par le centre du prisme, et ces équations exprimeront que le prisme ne peut tourner autour de ces droites.

Prenons les moments des forces autour de l'axe mené par le centre du prisme parallèlement à l'axe des Z. Les forces élastiques exercées sur ω_3 et ω'_3 ont des moments nuls, parce qu'elles rencontrent l'axe des moments. Les composantes $Z_1\omega_1$ et $Z_2\omega_2$, parallèles à l'axe des z, ont aussi des moments nuls. Sur la face ω_1, la force $X_1\omega_1$ a encore un moment nul, et la force $Y_1\omega_1$ a pour moment

$$Y_1\omega_1 \frac{dx}{2} = \frac{1}{2} Y_1\, dx\, dy\, dz.$$

Les forces exercées sur ω'_1 ont le même moment à un infiniment petit près d'un ordre supérieur. Ainsi le moment résultant pour les deux faces ω_1 et ω'_1 est
$$Y_1\, dx\, dy\, dz.$$

De même, les deux faces ω_2 et ω'_2 donnent le moment
$$-X_2\, dx\, dy\, dz.$$

Ensuite les forces appliquées à l'intérieur du prisme ont une somme de moments qui est un infiniment petit d'ordre supérieur au troisième et à laquelle on ne doit pas avoir égard. Donc, en égalant à zéro la somme des moments autour de l'axe des Z, on obtient
$$Y_1 - X_2 = 0.$$

On a deux autres équations semblables; en les réunissant à la première, on obtient ces trois équations

(2) $\qquad Y_1 = X_2, \qquad Z_2 = Y_3, \qquad X_3 = Z_1.$

Ainsi les neuf composantes des forces élastiques qui agissent sur ω_1, ω_2, ω_3 se réduisent à six composantes distinctes seulement.

Nous emploierons aussi les lettres N et T pour représenter les forces élastiques, en nous servant des indices 1, 2, 3, qui correspondront respectivement aux axes des x, y, z. Les quantités N_1, N_2, N_3 seront les composantes élastiques normales parallèles aux x, y, z.

Comme on le fait souvent, nous pourrions employer deux indices pour représenter les grandeurs des forces élastiques tangentielles, qui seraient ainsi désignées par T_{23}, T_{31}, T_{12}, l'un quelconque des indices indiquant l'axe de coordonnées auquel la force est parallèle et l'autre indice indiquant la direction de la normale au plan sur lequel s'exerce cette force. Cependant l'emploi de deux indices pour désigner ces forces complique l'écriture sans sérieuse utilité; nous désignerons donc, comme Lamé, les forces tangentielles par T_1, T_2, T_3. Ainsi nous poserons
$$N_1 = X_1, \qquad N_2 = Y_2, \qquad N_3 = Z_3,$$
$$T_1 = Z_2 = Y_3, \qquad T_2 = X_3 = Z_1, \qquad T_3 = Y_1 = X_2.$$

6. *Équilibre d'un tétraèdre élémentaire*. — Après avoir considéré l'équilibre d'un parallélépipède rectangle, examinons celui d'un tétraèdre infiniment petit et pris à l'intérieur du corps solide. Nous formons ce tétraèdre en menant par un point M de ce corps trois droites infiniment petites, parallèles aux axes de coordonnées, et qui seront les arêtes de ce tétraèdre. Désignons par σ la base du tétraèdre opposée au sommet M, et soient

$$X\sigma, \quad Y\sigma, \quad Z\sigma$$

les composantes de la force élastique exercée de dehors en dedans sur la face σ. Représentons enfin par λ, μ, ν les angles formés par la normale extérieure à la face σ avec les axes de coordonnées; les trois autres faces du tétraèdre auront pour grandeurs

$$\sigma_1 = \sigma \cos\lambda, \quad \sigma_2 = \sigma \cos\mu, \quad \sigma_3 = \sigma \cos\nu,$$

et les trois forces exercées sur ces trois faces ont pour composantes, d'après les notations des numéros précédents,

$$-X_1\sigma_1, \quad -Y_1\sigma_1, \quad -Z_1\sigma_1 \quad \text{sur } \sigma_1,$$
$$-X_2\sigma_2, \quad -Y_2\sigma_2, \quad -Z_2\sigma_2 \quad \text{sur } \sigma_2,$$
$$-X_3\sigma_3, \quad -Y_3\sigma_3, \quad -Z_3\sigma_3 \quad \text{sur } \sigma_3.$$

La force, qui agit sur la masse du tétraèdre, est un infiniment petit du troisième ordre et doit être négligée.

Égalons à zéro la somme des composantes des forces qui sollicitent le tétraèdre, suivant chacun des trois axes de coordonnées, et nous obtenons les trois équations suivantes :

$$(3) \quad \begin{cases} X = X_1 \cos\lambda + X_2 \cos\mu + X_3 \cos\nu, \\ Y = Y_1 \cos\lambda + Y_2 \cos\mu + Y_3 \cos\nu, \\ Z = Z_1 \cos\lambda + Z_2 \cos\mu + Z_3 \cos\nu. \end{cases}$$

Ces équations conduisent à un théorème d'un énoncé fort simple. Considérons, par exemple, la première de ces trois équations. Désignons par E et E' les forces élastiques exercées sur σ et σ_1, et estimées par unité de surface. X représente la projection de E sur l'axe des x, c'est-à-dire sur la normale à σ_1, et le second membre de la première équation (3) peut s'écrire

$$X_1 \cos\lambda + Y_1 \cos\mu + Z_1 \cos\nu$$

et représente la projection de E' sur la normale à σ. Comme d'ailleurs σ et σ, peuvent être considérés comme deux éléments plans passant par un même point et dont les normales ont des directions quelconques, on en conclut le théorème suivant :

Si E *et* E' *sont les forces élastiques exercées en un même point du solide sur les plans* P *et* P', *la projection de* E *sur la normale à* P' *est égale à la projection de* E' *sur la normale à* P.

On s'est servi des équations (2) pour démontrer ce théorème, et, d'autre part, les équations (2) sont renfermées dans cette propriété.

Les équations (3) ont lieu, comme les équations (1), en un point quelconque de l'intérieur du corps; mais c'est surtout à la surface du corps que nous les appliquerons. Si la face σ du tétraèdre est un élément de la surface du corps, X, Y, Z, dans ces équations, devront être remplacés par les composantes de la force qu'on applique en chaque point de cette surface, et qui sera en général connue.

Nous verrons que les composantes des forces élastiques peuvent s'exprimer au moyen des dérivées des projections u, v, w du déplacement de chaque point (x, y, z) du corps solide. Ainsi les équations (1) deviendront trois équations aux différences partielles entre les trois quantités u, v, w; puis on aura pour conditions à la surface les trois équations (3), dans lesquelles X, Y, Z seront des fonctions données des coordonnées des points de la surface et où λ, μ, ν seront les angles de la normale à cette surface avec les trois axes de coordonnées.

7. *Mouvement vibratoire.* — Des équations (1), (2), (3), relatives à l'équilibre d'élasticité d'un corps solide, on peut passer facilement à celles qui conviennent à son mouvement vibratoire. Il suffit d'ajouter aux composantes de la force extérieure ρA, ρB, ρC les composantes de la force d'inertie

$$-\rho\frac{d^2 x'}{dt^2}, \quad -\rho\frac{d^2 y'}{dt^2}, \quad -\rho\frac{d^2 z'}{dt^2},$$

en désignant par x', y', z' ce que deviennent, pendant son déplacement, les coordonnées du point situé en x, y, z avant le déplacement. En posant

$$x' = x + u, \quad y' = y + v, \quad z' = z + w,$$

x, y, z ne varient pas avec t, et, par suite, les équations (1) se changent en les suivantes :

$$\frac{dX_1}{dx} + \frac{dX_2}{dy} + \frac{dX_3}{dz} + \rho A = \rho \frac{d^2u}{dt^2},$$

$$\frac{dY_1}{dx} + \frac{dY_2}{dy} + \frac{dY_3}{dz} + \rho B = \rho \frac{d^2v}{dt^2},$$

$$\frac{dZ_1}{dx} + \frac{dZ_2}{dy} + \frac{dZ_3}{dz} + \rho C = \rho \frac{d^2w}{dt^2}.$$

Les équations (2) et (3) subsisteront sans changement.

Distribution des forces élastiques autour de chaque point d'un corps solide.

8. En exerçant des forces à la surface d'un corps solide, on déforme ce corps et l'on développe à son intérieur des forces élastiques. Ainsi, par un point M quelconque de ce corps, menons un plan; ce plan sera sollicité en ce point par une force élastique, et à chaque position du plan mené par M correspondra une nouvelle force élastique. Nous allons examiner la manière dont varie cette force autour du point M.

Par ce point menons trois axes rectangulaires et un élément plan ω dont la normale fait avec ces axes des angles dont les cosinus sont m, n, p. Soit P la force élastique qui s'exerce sur ω; à partir du point M et dans la direction de P portons une longueur exprimée par le même nombre que la force P, puis désignons par x, y, z les coordonnées de cette extrémité. D'après les formules du n° 6, nous aurons

$$(a) \quad \begin{cases} x = mX_1 + nX_2 + pX_3, \\ y = mY_1 + nY_2 + pY_3, \\ z = mZ_1 + nZ_2 + pZ_3. \end{cases}$$

Désignons respectivement par F_1, F_2, F_3 les forces élastiques qui s'exercent au point M sur les plans des yz, des zx, des xy. Les composantes de ces forces sont

$$(X_1, X_2, X_3), \quad (Y_1, Y_2, Y_3), \quad (Z_1, Z_2, Z_3).$$

Les forces F_1, F_2, F_3 sont, en général, obliques entre elles; prenons-les pour axes des x', y', z' d'un second système de coordonnées. Les seconds axes font avec les premiers des angles dont les cosinus sont donnés par le Tableau suivant :

	x	y	z
x'	$\dfrac{X_1}{F_1}$	$\dfrac{X_2}{F_1}$	$\dfrac{X_3}{F_1}$
y'	$\dfrac{Y_1}{F_2}$	$\dfrac{Y_2}{F_2}$	$\dfrac{Y_3}{F_2}$
z'	$\dfrac{Z_1}{F_3}$	$\dfrac{Z_2}{F_3}$	$\dfrac{Z_3}{F_3}$

Par suite, nous obtenons ces formules de transformation de coordonnées

$$(b) \quad \begin{cases} x = \dfrac{X_1}{F_1} x' + \dfrac{Y_1}{F_2} y' + \dfrac{Z_1}{F_3} z', \\ y = \dfrac{X_2}{F_1} x' + \dfrac{Y_2}{F_2} y' + \dfrac{Z_2}{F_3} z', \\ z = \dfrac{X_3}{F_1} x' + \dfrac{Y_3}{F_2} y' + \dfrac{Z_3}{F_3} z'. \end{cases}$$

La comparaison des formules (a) et (b) donne immédiatement les suivantes :

$$(c) \qquad m = \frac{x'}{F_1}, \quad n = \frac{y'}{F_2}, \quad p = \frac{z'}{F_3},$$

sachant qu'on a

$$(d) \qquad Y_1 = X_2, \quad Z_2 = Y_3, \quad X_3 = Z_1.$$

Or on a la relation
$$m^2 + n^2 + p^2 = 1;$$

on a donc, par rapport aux axes obliques, l'équation

$$\frac{x'^2}{F_1^2} + \frac{y'^2}{F_2^2} + \frac{z'^2}{F_3^2} = 1,$$

ce qui représente un ellipsoïde rapporté à ses diamètres conjugués.

Donc *le lieu des extrémités des longueurs qui représentent les forces élastiques autour du point* M *est un ellipsoïde, et les forces élastiques, qui s'exercent sur trois plans rectangulaires menés par* M, *forment trois diamètres conjugués de cette surface.*

Lamé, qui a fait le premier le calcul actuel, a désigné cet ellipsoïde sous le nom d'*ellipsoïde d'élasticité*.

9. Choisissons pour le système de diamètres conjugués de cet ellipsoïde celui de ses axes de symétrie. Alors les forces élastiques F_1, F_2, F_3, dirigées suivant ces axes, seront appelées *forces élastiques principales*. Nous allons démontrer que les forces élastiques principales sont normales aux plans sur lesquels elles s'exercent; autrement dit, nous allons prouver que, dans ce cas particulier, les deux systèmes de coordonnées des x, y, z et des x', y', z' coïncident.

Les deux systèmes d'axes étant actuellement rectangulaires, on obtient entre les cosinus des angles qu'ils forment entre eux les relations suivantes :

$$\frac{X_1^2}{F_1^2} + \frac{X_2^2}{F_2^2} + \frac{X_3^2}{F_3^2} = 1, \qquad \frac{X_1^2}{F_1^2} + \frac{Y_1^2}{F_1^2} + \frac{Z_1^2}{F_1^2} = 1,$$

$$\frac{Y_1^2}{F_1^2} + \frac{Y_2^2}{F_2^2} + \frac{Y_3^2}{F_3^2} = 1, \qquad \frac{X_2^2}{F_2^2} + \frac{Y_2^2}{F_2^2} + \frac{Z_2^2}{F_2^2} = 1,$$

$$\frac{Z_1^2}{F_1^2} + \frac{Z_2^2}{F_2^2} + \frac{Z_3^2}{F_3^2} = 1; \qquad \frac{X_3^2}{F_3^2} + \frac{Y_3^2}{F_3^2} + \frac{Z_3^2}{F_3^2} = 1.$$

En éliminant X_1, Y_2, Z_3 entre ces équations et ayant toujours égard aux équations (d), on obtient

$$(e) \quad \begin{cases} \left(\dfrac{1}{F_2^2} - \dfrac{1}{F_1^2}\right) X_2^2 + \left(\dfrac{1}{F_3^2} - \dfrac{1}{F_1^2}\right) X_3^2 = 0, \\[2pt] \left(\dfrac{1}{F_3^2} - \dfrac{1}{F_2^2}\right) Y_3^2 + \left(\dfrac{1}{F_1^2} - \dfrac{1}{F_2^2}\right) Y_1^2 = 0, \\[2pt] \left(\dfrac{1}{F_1^2} - \dfrac{1}{F_3^2}\right) Z_1^2 + \left(\dfrac{1}{F_2^2} - \dfrac{1}{F_3^2}\right) Z_2^2 = 0. \end{cases}$$

Supposons F_1, F_2, F_3 inégaux et rangés par ordre de grandeur, en commençant par le plus grand. Alors les deux termes de la première équation (e) sont positifs, et leur somme ne peut être nulle qu'en posant les deux premières des trois équations

$$X_2 = 0, \quad X_3 = 0, \quad Y_3 = 0,$$

et la troisième de ces équations se déduit ensuite de chacune des deux autres équations (e). Ainsi les composantes tangentielles des forces élastiques sont nulles; ces forces sont donc normales aux plans sur lesquels elles s'exercent. On a

$$X_1 = F_1, \quad Y_2 = F_2, \quad Z_3 = F_3$$

et aussi, d'après (b),

$$x = x', \quad y = y', \quad z = z'.$$

Le théorème est ainsi démontré.

10. Désignons maintenant par A, B, C les trois forces élastiques principales. L'ellipsoïde d'élasticité, rapporté à ses axes, aura pour équation

(f) $$\frac{x^2}{A^2} + \frac{y^2}{B^2} + \frac{z^2}{C^2} = 1.$$

On déduira des équations (e)

(g) $$m = \frac{x}{A}, \quad n = \frac{y}{B}, \quad p = \frac{z}{C}$$

pour les cosinus directeurs de la normale au plan ω, sur lequel s'exerce la force élastique représentée par le rayon P, qui joint le centre M au point (x, y, z) de cette surface.

L'équation du plan ω, qui est

$$mX + nY + pZ = 0,$$

X, Y, Z désignant les coordonnées courantes, peut donc s'écrire

$$\frac{xX}{A} + \frac{yY}{B} + \frac{zZ}{C} = 0.$$

Par suite, la direction du rayon P est conjuguée du plan ω dans la surface du second degré

$$(h) \qquad \frac{x^2}{A} + \frac{y^2}{B} + \frac{z^2}{C} = \pm 1,$$

et elle rencontrera cette surface en un point où le plan tangent sera parallèle à ω.

Ainsi, pour avoir le plan sur lequel s'exerce une des forces élastiques au point M, il suffira de mener par ce point un plan diamétral conjugué de la direction de cette force dans la surface (h).

On voit que les axes de la surface (h) sont les racines carrées des axes de la surface (f).

Si A, B, C sont positifs, ils représenteront des tractions ; on prendra le signe $+$ dans le second membre de l'équation (h), qui désignera un ellipsoïde. Si A, B, C sont négatifs, ils désigneront des pressions, et la surface (h), obtenue en prenant le signe $-$ dans le second membre, sera encore un ellipsoïde. Dans ces deux cas, tout diamètre de la surface (f) représente une force élastique de même espèce que A, B, C, c'est-à-dire que sa composante normale sera une tension ou une pression suivant que A, B, C seront des tensions ou des pressions.

Si deux des quantités A, B, C sont de signe contraire à la troisième, il faudra considérer l'ensemble des deux surfaces données par l'équation (h), en conservant les deux signes dans le second membre. Cette équation représente ainsi un hyperboloïde à une nappe et un autre à deux nappes, ayant le même cône asymptote

$$(i) \qquad \frac{x^2}{A} + \frac{y^2}{B} + \frac{z^2}{C} = 0.$$

Tout rayon de la surface (f) représente en grandeur et en direction une force élastique qui sera de même espèce que la force élastique principale qui rencontre la même nappe des surfaces (h) que ce rayon. A la limite, quand le rayon de la surface (f) viendra sur le cône (i), le plan diamétral conjugué dans la surface (h) sera tangent au cône le long de ce rayon. Donc la force élastique représentée par ce rayon sera tangentielle au plan sur lequel elle s'exerce.

Détermination des forces élastiques principales.

11. Supposons connues les forces élastiques qui s'exercent en un point sur trois plans parallèles aux plans de coordonnées, et proposons-nous de déterminer en grandeur et en direction les trois forces élastiques principales qui passent par ce point.

Soit A une de ces trois forces; elle est normale au plan sur lequel elle s'exerce. Si m, n, p sont les cosinus directeurs de la normale au plan, mA, nA, pA sont les projections de A, et, d'après les formules (3) du n° 6, si nous adoptons les lettres N, T pour représenter les composantes élastiques (n° 5), nous aurons ces trois équations :

$$(j) \quad \begin{cases} m(N_1-A) + nT_3 + pT_2 = 0, \\ mT_3 + n(N_2-A) + pT_1 = 0, \\ mT_2 + nT_1 + p(N_3-A) = 0. \end{cases}$$

En éliminant m, n, p entre ces trois équations, nous obtiendrons la suivante

$$\begin{vmatrix} N_1-A & T_3 & T_2 \\ T_3 & N_2-A & T_1 \\ T_2 & T_1 & N_3-A \end{vmatrix} = 0,$$

qu'on peut mettre sous cette forme

$$(k) \quad A^3 - (N_1+N_2+N_3)A^2 + (N_2N_3+N_3N_1+N_1N_2-T_1^2-T_2^2-T_3^2)A \\ + N_1T_1^2 + N_2T_2^2 + N_3T_3^2 - N_1N_2N_3 - 2T_1T_2T_3 = 0.$$

Cette équation du troisième degré donne les grandeurs et les signes des forces élastiques principales, le signe + indiquant, comme nous l'avons dit (n° 10), une traction et le signe — une pression. Cette équation est entièrement semblable à celle qui donne les carrés des inverses des axes d'une surface du second degré, et les équations (j) semblables à celles qui donnent ensuite les directions de ces axes. Il est donc inutile de discuter ici ces équations.

Si l'on trouve, d'après l'équation (k), deux forces élastiques principales égales à B, toutes les forces élastiques, appliquées au point M considéré et perpendiculaires à la troisième force élastique principale, seront égales à B et seront normales au plan sur lequel elles s'exercent. Si les trois racines de l'équation (k) sont égales, toutes les forces élastiques qui s'exerceront au point M seront égales entre elles et normales au plan sur lequel elles agissent.

12. *Cas où l'une des trois forces élastiques principales est nulle.* — Supposons, par exemple, que C soit nul. Concevons d'abord que C soit très petit; l'ellipsoïde (f) se change en une plaque elliptique, et, à la limite, toutes les forces élastiques autour du point M sont situées dans le plan des forces A et B, puisqu'on a alors $z = pC = 0$.

ω étant encore le plan sur lequel s'exerce la force élastique P, désignons par γ l'inclinaison de ω sur le plan des xy. Nous aurons, d'après les équations (g),

$$m = \frac{x}{A}, \qquad n = \frac{y}{B}, \qquad p = \cos\gamma,$$

et l'équation de ce plan sera

$$\frac{xX}{A} + \frac{yY}{B} + Z\cos\gamma = 0.$$

Par suite, l'équation (f) deviendra

$$(f') \qquad\qquad \frac{x^2}{A^2} + \frac{y^2}{B^2} = \sin^2\gamma.$$

Donc, sur tous les plans ω, passant par M et inclinés du même angle γ sur le plan des xy, les forces élastiques exercées sont les rayons de l'ellipse (f').

Le rayon P de l'ellipse (f'), qui représente une de ces forces élastiques, rencontre la courbe

$$\frac{x^2}{A} + \frac{y^2}{B} = \pm 1$$

en un point; en menant en ce point la tangente, on obtient la direction de la trace du plan ω sur celui des xy. Comme on connaît aussi son inclinaison γ sur le plan des xy par l'équation (f'), ce plan est déterminé.

Cas où deux forces principales sont nulles. — Supposons, par exemple, qu'on ait

$$B = 0, \quad C = 0;$$

on déduit des équations (g)

$$x = m A, \quad y = 0, \quad z = 0.$$

Ainsi toutes les forces élastiques sont dirigées suivant l'axe des x et sont égales à la force élastique principale A, multipliée par le cosinus de l'angle de la normale au plan ω avec la force A.

Sur les déformations très petites d'un corps.

13. Occupons-nous ensuite des déformations très petites d'un corps solide, puisqu'elles déterminent les forces élastiques développées dans ce corps.

Concevons ce corps décomposé en parallélépipèdes rectangles infiniment petits, dont les arêtes sont parallèles aux axes de coordonnées; on connaîtra complètement la déformation du corps si l'on détermine celle de chaque parallélépipède. Or il est évident que la recherche de la déformation de cet élément de volume se réduit à celle des dilatations de ses côtés et des variations de ses angles.

Cherchons d'abord la dilatation d'une très petite droite l qui joint le point M ou (x, y, z) au point M', ou

$$(x + \xi, y + \eta, z + \zeta).$$

Désignons par u, v, w les projections du déplacement du point M du corps qui viendra ainsi se placer au point m de l'espace ou

$$(x + u, y + v, z + w).$$

Désignons aussi par u', v', w' ce que deviennent u, v, w quand on passe du point M au point M'. Le point M' du corps viendra donc en un point m' ayant pour coordonnées

$$(x + \xi + u', y + \eta + v', z + \zeta + w').$$

La droite MM', qui a pour projections ξ, η, ζ, s'est donc changée en la droite mm' qui a pour projections

(a) $$\xi + u' - u, \quad \eta + v' - v, \quad \zeta + w' - w.$$

Ainsi l'accroissement *géométrique* de la droite l a pour projections sur les axes $u' - u$, $v' - v$, $w' - w$, et, en le projetant sur la droite l, on obtient, pour la dilatation de cette droite,

$$\lambda = (u' - u)\frac{\xi}{l} + (v' - v)\frac{\eta}{l} + (w' - w)\frac{\zeta}{l}.$$

Or ξ, η, ζ sont supposés très petits; on obtient donc, en négligeant leurs carrés,

(b) $$\begin{cases} u' - u = \dfrac{du}{dx}\xi + \dfrac{du}{dy}\eta + \dfrac{du}{dz}\zeta, \\ v' - v = \dfrac{dv}{dx}\xi + \dfrac{dv}{dy}\eta + \dfrac{dv}{dz}\zeta, \\ w' - w = \dfrac{dw}{dx}\xi + \dfrac{dw}{dy}\eta + \dfrac{dw}{dz}\zeta. \end{cases}$$

Substituons dans l'équation précédente, puis faisons

$$\xi = l\cos\alpha, \quad \eta = l\cos\beta, \quad \zeta = l\cos\gamma,$$

α, β, γ étant les angles de l avec les axes, et nous aurons

(c) $$\begin{cases} \dfrac{1}{l}\lambda = \dfrac{du}{dx}\cos^2\alpha + \dfrac{dv}{dy}\cos^2\beta + \dfrac{dw}{dz}\cos^2\gamma \\ \quad + \left(\dfrac{dv}{dz} + \dfrac{dw}{dy}\right)\cos\beta\cos\gamma + \left(\dfrac{dw}{dx} + \dfrac{du}{dz}\right)\cos\gamma\cos\alpha \\ \quad + \left(\dfrac{du}{dy} + \dfrac{dv}{dx}\right)\cos\alpha\cos\beta. \end{cases}$$

Cette expression donne la dilatation au point M, dans la direction de la ligne l, estimée par unité de longueur. Remarquons que, cette quantité étant très petite quels que soient α, β, γ, les six coefficients des carrés des cosinus et de leurs doubles produits sont eux-mêmes très petits.

14. Prenons maintenant pour la ligne l successivement les côtés dx, dy, dz du parallélépipède élémentaire, et appliquons la formule précédente. Un cosinus sera égal à l'unité et les deux autres égaux à zéro, et nous obtiendrons les trois dilatations de dx, dy, dz,

$$\lambda_1 = \frac{du}{dx} dx, \quad \lambda_2 = \frac{dv}{dy} dy, \quad \lambda_3 = \frac{dw}{dz} dz;$$

ainsi $\frac{du}{dx}$, $\frac{dv}{dy}$, $\frac{dw}{dz}$ seront les dilatations linéaires suivant les trois axes de coordonnées.

L'arête dx se changeant en $dx\left(1 + \frac{du}{dx}\right)$ et ainsi des autres, le volume $dx\,dy\,dz$ du prisme se change en

$$dx\,dy\,dz\left(1 + \frac{du}{dx}\right)\left(1 + \frac{dv}{dy}\right)\left(1 + \frac{dw}{dz}\right) = dx\,dy\,dz\left(1 + \frac{du}{dx} + \frac{dv}{dy} + \frac{dw}{dz}\right).$$

Donc la dilatation du volume est donnée par la formule

$$\vartheta = \frac{du}{dx} + \frac{dv}{dy} + \frac{dw}{dz},$$

et elle est égale à la somme de trois dilatations linéaires, prises suivant trois directions rectangulaires.

Cherchons ensuite la déformation des angles du parallélépipède. Ces angles, qui étaient droits, prennent, après la déformation, des valeurs que je désigne par

$$\frac{\pi}{2} - g_{yz}, \quad \frac{\pi}{2} - g_{zx}, \quad \frac{\pi}{2} - g_{xy}.$$

En faisant $\eta = 0$, $\zeta = 0$ dans les formules (b), nous obtenons, pour les accroissements des coordonnées de l'extrémité de l'arête dx,

$$\frac{du}{dx} dx, \quad \frac{dv}{dx} dx, \quad \frac{dw}{dx} dx;$$

ainsi les projections de l'arête dx sur les axes fixes deviennent

$$\left(1 + \frac{du}{dx}\right) dx, \quad \frac{dv}{dx} dx, \quad \frac{dw}{dx} dx,$$

et les cosinus des angles de cette arête avec ces axes sont

$$1 + \frac{du}{dx}, \quad \frac{dv}{dx}, \quad \frac{dw}{dx}.$$

De même, les cosinus directeurs de l'arête dy après son déplacement sont

$$\frac{du}{dy}, \quad 1 + \frac{dv}{dy}, \quad \frac{dw}{dy}.$$

On en conclut, pour le cosinus du troisième angle du parallélépipède formé par les deux directions précédentes,

$$\cos\left(\frac{\pi}{2} - g_{xy}\right) = \frac{du}{dy} + \frac{dv}{dx},$$

ou simplement, puisque g_{xy} est très petit, la première des trois formules semblables

$$(d) \quad \begin{cases} g_{xy} = \dfrac{du}{dy} + \dfrac{dv}{dx}, \\ g_{yz} = \dfrac{dv}{dz} + \dfrac{dw}{dy}, \\ g_{zx} = \dfrac{dw}{dx} + \dfrac{du}{dz}. \end{cases}$$

Tels sont les décroissements des angles du parallélépipède; ces quantités sont souvent désignées sous le nom de *glissements*. Au reste, à partir du sommet M du parallélépipède, portons, suivant dx et dy, des longueurs égales à l'unité et terminées en P et P'; le point P décrira une longueur égale à $\frac{dv}{dx}$ parallèlement à l'axe des y et le point P', une longueur égale à $\frac{du}{dy}$ parallèlement à l'axe des x. Ainsi l'angle droit PMP' subira les deux diminutions $\frac{dv}{dx}$ et $\frac{du}{dy}$; ce qui reproduit la première des trois formules précédentes.

15. Dans l'équation (c) posons $r = \sqrt{\dfrac{1}{\pm z}}$, en choisissant le signe $\pm$ de manière que r soit réel, et portons cette longueur, à partir du point M, dans la direction indiquée par les angles α, β, γ. Le lieu de l'extrémité sera une surface du second degré. En nous servant des formules (d)

et en désignant par X, Y, Z les coordonnées courantes, nous aurons, pour l'équation de cette surface,

$$\frac{du}{dx}X^2 + \frac{dv}{dy}Y^2 + \frac{dw}{dz}Z^2 + g_{yz}YZ + g_{zx}ZX + g_{xy}XY = \pm 1.$$

On peut choisir les axes de coordonnées de manière à faire disparaître les rectangles, et l'équation se réduit alors à

$$\frac{du}{dx}X^2 + \frac{dv}{dy}Y^2 + \frac{dw}{dz}Z^2 = \pm 1.$$

Ainsi, *par chaque point du corps, on peut faire passer trois plans rectangulaires, de manière que les glissements y soient nuls*. Les dilatations correspondantes sont appelées *principales*.

Nous avons vu ci-dessus que la droite l ou MM' s'est changée dans la déformation en une droite mm', dont les projections sont données par les expressions (a). En ramenant le point m au point M de l'espace, sans changer la direction de mm', les coordonnées x, y, z de l'extrémité m' seront

$$x = \left(1 + \frac{du}{dx}\right)\xi + \frac{du}{dy}\eta + \frac{du}{dz}\zeta, \quad \ldots;$$

en ajoutant quatre termes qui se détruisent deux à deux, nous pouvons écrire

$$x = \left(1 + \frac{du}{dx}\right)\xi + \frac{1}{2}\left(\frac{dv}{dx} + \frac{du}{dy}\right)\eta + \frac{1}{2}\left(\frac{du}{dz} + \frac{dw}{dx}\right)\zeta$$
$$- \frac{1}{2}\left(\frac{dv}{dx} - \frac{du}{dy}\right)\eta + \frac{1}{2}\left(\frac{du}{dz} - \frac{dw}{dx}\right)\zeta.$$

D'après cela, nous pouvons partager les expressions de x, y, z en deux parties, en posant

$$x = a + a', \quad y = b + b', \quad z = c + c',$$

puis faisant

(c) $$\begin{cases} a = \left(1 + \frac{du}{dx}\right)\xi + \frac{1}{2}g_{xy}\eta + \frac{1}{2}g_{zx}\zeta, \\ b = \left(1 + \frac{dv}{dy}\right)\eta + \frac{1}{2}g_{yz}\zeta + \frac{1}{2}g_{xy}\xi, \\ c = \left(1 + \frac{dw}{dz}\right)\zeta + \frac{1}{2}g_{zx}\xi + \frac{1}{2}g_{yz}\eta, \end{cases}$$

et

$$(f) \begin{cases} a' = -\frac{1}{2}\left(\frac{dv}{dx} - \frac{du}{dy}\right)\eta + \frac{1}{2}\left(\frac{du}{dz} - \frac{dw}{dx}\right)\zeta, \\ b' = -\frac{1}{2}\left(\frac{dw}{dy} - \frac{dv}{dz}\right)\zeta + \frac{1}{2}\left(\frac{dv}{dx} - \frac{du}{dy}\right)\xi, \\ c' = -\frac{1}{2}\left(\frac{du}{dz} - \frac{dw}{dx}\right)\xi + \frac{1}{2}\left(\frac{dw}{dy} - \frac{dv}{dz}\right)\eta. \end{cases}$$

Or, quand un corps solide tourne d'un angle infiniment petit autour d'un point fixe, les coordonnées ξ, η, ζ de chaque point subissent des accroissements a', b', c', donnés par les formules

$$(g) \qquad a' = q\zeta - r\eta, \qquad b' = r\xi - p\zeta, \qquad c' = p\eta - q\xi,$$

p, q, r désignant les angles de rotation autour des axes des x, y, z. D'ailleurs les formules (f) peuvent être identifiées aux formules (g) en posant

$$(h) \quad p = \frac{1}{2}\left(\frac{dw}{dy} - \frac{dv}{dz}\right), \qquad q = \frac{1}{2}\left(\frac{du}{dz} - \frac{dw}{dx}\right), \qquad r = \frac{1}{2}\left(\frac{dv}{dx} - \frac{du}{dy}\right).$$

Ainsi, aux environs du point M, le déplacement se décompose en deux autres, l'un donné par les formules (e) et l'autre par les formules (f), qui expriment une rotation autour du point M. Et le second déplacement partiel ne produit pas une déformation de l'élément du corps qui entoure le point M.

Nous avons vu à la fin du n° 14 que, par la déformation, l'axe des x tourne vers celui des y d'un angle égal à $\frac{dv}{dx}$ et que l'axe des y tourne dans le même sens d'un angle égal à $-\frac{du}{dy}$. Si l'angle des deux axes ne variait pas, ces deux rotations seraient égales, et l'on voit, d'après la troisième formule (h), que l'on prend la demi-somme de ces deux rotations pour la rotation r de l'élément de volume autour de l'axe des z. La même remarque s'applique évidemment à p et q.

16. Si l'on place les axes de coordonnées au point M suivant les dilatations principales, les glissements seront nuls sur les plans de

coordonnées, et les équations (e) deviendront

$$a = \left(1 + \frac{du}{dx}\right)\xi, \qquad b = \left(1 + \frac{dv}{dy}\right)\eta, \qquad c = \left(1 + \frac{dw}{dz}\right)\zeta.$$

Donc un point, qui avait pour coordonnées

$$\xi = \xi, \qquad \eta = 0, \qquad \zeta = 0,$$

aura ensuite, pour ses coordonnées a, b, c,

$$a = \left(1 + \frac{du}{dx}\right)\xi, \qquad b = 0, \qquad c = 0.$$

On en conclut que les points situés sur les trois axes de dilatation après la déformation, se trouvaient sur trois mêmes droites rectangulaires avant la déformation.

On obtiendra les dilatations principales par le calcul qui donne les axes d'une surface du second degré. En désignant par s une de ces trois dilatations, par m, n, p ses cosinus directeurs et par $\partial_x, \partial_y, \partial_z$ les dilatations linéaires suivant les axes des x, y, z, nous aurons ces trois équations

$$(\partial_x - s)m + \tfrac{1}{2}g_{xy}n + \tfrac{1}{2}g_{zx}p = 0,$$
$$\tfrac{1}{2}g_{xy}m + (\partial_y - s)n + \tfrac{1}{2}g_{yz}p = 0,$$
$$\tfrac{1}{2}g_{zx}m + \tfrac{1}{2}g_{zy}n + (\partial_z - s)p = 0.$$

En éliminant m, n, p entre ces trois équations, nous obtiendrons cette équation en s

$$4(s-\partial_x)(s-\partial_y)(s-\partial_z) - g_{yz}^2(s-\partial_x) - g_{zx}^2(s-\partial_y) - g_{xy}^2(s-\partial_z) - g_{yz}g_{zx}g_{xy} = 0.$$

Les trois racines de cette équation sont réelles, et elles représentent des dilatations ou des contractions, suivant qu'elles sont positives ou négatives.

Ellipsoïde des dilatations.

17. Soit M un point quelconque du corps; comme au n° 13, menons par ce point une ligne l infiniment petite. Après la déformation, l deviendra égal à l' et l'on aura

$$l' = l(1 + \lambda),$$
$$l'^2 = l^2(1 + 2\lambda);$$

λ étant donné par la formule (c), on aura

$$l'^2 = l^2 + 2 l^2 \left(\frac{du}{dx} \cos^2 \alpha + \ldots + g_{yz} \cos \beta \cos \gamma + \ldots \right).$$

Comme la quantité comprise entre parenthèses est très petite, on peut remplacer le facteur l^2, qui la multiplie, par l'^2, et l'on a

(α) $\qquad l^2 = l'^2 - 2 l'^2 \left(\frac{du}{dx} \cos^2 \alpha + \ldots + g_{yz} \cos \beta \cos \gamma + \ldots \right).$

Par le point m, où s'est placé M, menons des axes de coordonnées des x', y', z' parallèles aux premiers, et, en désignant par x', y', z' les coordonnées de l'extrémité de l', nous aurons

$$l'^2 = x'^2 + y'^2 + z'^2,$$
$$l' \cos \alpha = x', \qquad l' \cos \beta = y', \qquad l' \cos \gamma = z',$$

la direction de la droite l s'étant modifiée extrêmement peu. Donc l'équation (α) devient

$$l^2 = x'^2 + y'^2 + z'^2 - 2 \frac{du}{dx} x'^2 - 2 g_{yz} y' z' - \ldots$$

ou

$$l^2 = \left(1 - 2 \frac{du}{dx}\right) x'^2 - 2 g_{yz} y' z'$$
$$+ \left(1 - 2 \frac{dv}{dy}\right) y'^2 - 2 g_{zx} z' x'$$
$$+ \left(1 - 2 \frac{dw}{dz}\right) z'^2 - 2 g_{xy} x' y'.$$

Ainsi la sphère, dont le centre était en M et dont le rayon était l, s'est changée en un ellipsoïde dont le centre est en m.

En remplaçant les glissements g par leurs valeurs, on obtient

$$l^2 = \left(1 - 2 \frac{du}{dx}\right) x'^2 - 2 \left(\frac{dv}{dz} + \frac{dw}{dy}\right) y' z'$$
$$+ \left(1 - 2 \frac{dv}{dy}\right) y'^2 - 2 \left(\frac{dw}{dx} + \frac{du}{dz}\right) z' x'$$
$$+ \left(1 - 2 \frac{dw}{dz}\right) z'^2 - 2 \left(\frac{du}{dy} + \frac{dv}{dx}\right) x' y'.$$

M. — *Élast.*

et, comme on néglige les carrés des dérivées de u, v, w, cette équation peut s'écrire

$$l^2 = \left(x' - x'\frac{du}{dx} - y'\frac{du}{dy} - z'\frac{du}{dz}\right)^2$$
$$+ \left(y' - x'\frac{dv}{dx} - y'\frac{dv}{dy} - z'\frac{dv}{dz}\right)^2$$
$$+ \left(z' - x'\frac{dw}{dx} - y'\frac{dw}{dy} - z'\frac{dw}{dz}\right)^2.$$

En égalant à zéro ces trois carrés, on obtient, comme on sait, trois plans diamétraux conjugués de l'ellipsoïde. Les équations de ces plans sont

$$x' = x'\frac{du}{dx} + y'\frac{du}{dy} + z'\frac{du}{dz},$$
$$y' = x'\frac{dv}{dx} + y'\frac{dv}{dy} + z'\frac{dv}{dz},$$
$$z' = x'\frac{dw}{dx} + y'\frac{dw}{dy} + z'\frac{dw}{dz}.$$

Or, avant la déformation, u, v, w étaient nuls, et ces trois équations se réduisaient à

$$x' = 0, \quad y' = 0, \quad z' = 0,$$

qui sont les plans de coordonnées pris rectangulaires. On en conclut ce théorème :

Trois droites rectangulaires entre elles avant la déformation se changent, après la déformation, en un système de trois diamètres conjugués de l'ellipsoïde des dilatations.

Expressions des composantes des forces élastiques au moyen des déformations.

18. Nous avons déjà dit que, lorsqu'un corps a subi une déformation dans laquelle on n'a pas dépassé la limite d'élasticité, on peut de la déformation de chaque élément du corps conclure les forces élastiques qui y sont développées. Or cette déformation est indiquée, comme nous avons vu n° 13, par les trois dilatations linéaires δ_x, δ_y, δ_z et par

les trois glissements g_{yz}, g_{zx}, g_{xy} donnés par les formules

$$\delta_x = \frac{du}{dx}, \quad \delta_y = \frac{dv}{dy}, \quad \delta_z = \frac{dw}{dz},$$

$$g_{yz} = \frac{dv}{dz} + \frac{dw}{dy}, \quad g_{zx} = \frac{dw}{dx} + \frac{du}{dz}, \quad g_{xy} = \frac{du}{dy} + \frac{dv}{dx}.$$

Donc les six composantes des forces élastiques sont des fonctions de ces six quantités.

Concevons ces composantes développées d'après la série de Maclaurin suivant les puissances de ces six déformations ; puis, regardant ces six quantités comme très petites, supprimons les termes qui les renferment à un degré supérieur au premier. Comme les forces élastiques sont nulles s'il n'y a pas de déformation, nous poserons

$$X_1 = A_1\delta_x + B_1\delta_y + C_1\delta_z + H_1 g_{yz} + K_1 g_{zx} + L_1 g_{xy},$$
$$Y_1 = A_2\delta_x + B_2\delta_y + C_2\delta_z + H_2 g_{yz} + K_2 g_{zx} + L_2 g_{xy},$$
$$Z_1 = A_3\delta_x + B_3\delta_y + C_3\delta_z + H_3 g_{yz} + K_3 g_{zx} + L_3 g_{xy},$$
$$Y_2 = \mathfrak{A}_1\delta_x + \mathfrak{B}_1\delta_y + \mathfrak{C}_1\delta_z + \mathfrak{H}_1 g_{yz} + \mathfrak{K}_1 g_{zx} + \mathfrak{L}_1 g_{xy},$$
$$Z_2 = \mathfrak{A}_2\delta_x + \mathfrak{B}_2\delta_y + \mathfrak{C}_2\delta_z + \mathfrak{H}_2 g_{yz} + \mathfrak{K}_2 g_{zx} + \mathfrak{L}_2 g_{xy},$$
$$X_2 = \mathfrak{A}_3\delta_x + \mathfrak{B}_3\delta_y + \mathfrak{C}_3\delta_z + \mathfrak{H}_3 g_{yz} + \mathfrak{K}_3 g_{zx} + \mathfrak{L}_3 g_{xy}.$$

Il résulte de ces formules que, lorsque les dilatations δ et les glissements g changent de signe en conservant leurs grandeurs, les forces élastiques conservent aussi leurs grandeurs en changeant seulement de sens.

Nous venons d'obtenir ces formules en regardant les δ et les g comme très petits ; il est évident qu'on peut les prendre suffisamment petits pour que ces formules soient admissibles ; mais on ne peut affirmer, *a priori*, que ces formules soient suffisamment exactes dans la pratique. C'est à l'expérience à vérifier que les résultats théoriques qu'on déduit de ces formules sont conformes aux faits, et cette vérification a lieu effectivement. Au reste, la proportionnalité des forces aux déformations qu'elles produisent dans les limites d'élasticité est un fait qui a été remarqué dans des cas particuliers, bien avant la création de la théorie de l'élasticité.

Le corps étant supposé homogène, les trente-six coefficients des for-

28   CHAPITRE I.

mules précédentes sont constants; ils dépendent non seulement de la nature du corps, mais encore de son orientation par rapport aux axes de coordonnées.

Travail élémentaire des forces élastiques.

19. Considérons l'instant où un corps solide homogène passe d'une déformation à une déformation infiniment voisine, en sorte que les déplacements u, v, w de chaque point (x, y, z) de ce corps subissent des variations $\delta u, \delta v, \delta w$. Le mouvement est donné par les trois équations (n° 7)

$$\rho \frac{d^2 u}{dt^2} = \frac{dX_1}{dx} + \frac{dX_2}{dy} + \frac{dX_3}{dz} + \rho A,$$

$$\rho \frac{d^2 v}{dt^2} = \frac{dY_1}{dx} + \frac{dY_2}{dy} + \frac{dY_3}{dz} + \rho B,$$

$$\rho \frac{d^2 w}{dt^2} = \frac{dZ_1}{dx} + \frac{dZ_2}{dy} + \frac{dZ_3}{dz} + \rho C,$$

A, B, C étant les sommes des composantes des forces extérieures.

Multiplions ces trois équations respectivement par $\delta u \, d\varpi$, $\delta v \, d\varpi$, $\delta w \, d\varpi$, $d\varpi$ étant un élément de volume du corps, et intégrons dans toute l'étendue du corps; nous aurons

$$\int \rho \left(\frac{d^2 u}{dt^2} \delta u + \frac{d^2 v}{dt^2} \delta v + \frac{d^2 w}{dt^2} \delta w \right) d\varpi = \tilde{e}_1 + \tilde{e}_2,$$

en posant

$$\tilde{e}_1 = \int (A \, \delta u + B \, \delta v + C \, \delta w) \rho \, d\varpi$$

et

$$\tilde{e}_2 = \int \left[\left(\frac{dX_1}{dx} + \frac{dX_2}{dy} + \frac{dX_3}{dz} \right) \delta u \right.$$
$$+ \left(\frac{dY_1}{dx} + \frac{dY_2}{dy} + \frac{dY_3}{dz} \right) \delta v$$
$$\left. + \left(\frac{dZ_1}{dx} + \frac{dZ_2}{dy} + \frac{dZ_3}{dz} \right) \delta w \right] d\varpi;$$

$\tilde{e}_1$ est le travail des forces extérieures et $\tilde{e}_2$ est un travail qui provient des forces élastiques.

Désignons par λ, μ, ν les angles de la normale extérieure à la surface du corps avec les axes de coordonnées, et soient U, V deux fonctions des coordonnées x, y, z d'un point du corps. Alors, $d\sigma$ étant l'élément de la surface, on a les formules connues

$$\int U \frac{dV}{dx} d\varpi = \int UV \cos\lambda\, d\sigma - \int V \frac{dU}{dx} d\varpi,$$

$$\int U \frac{dV}{dy} d\varpi = \int UV \cos\mu\, d\sigma - \int V \frac{dU}{dy} d\varpi,$$

$$\int U \frac{dV}{dz} d\varpi = \int UV \cos\nu\, d\sigma - \int V \frac{dU}{dz} d\varpi.$$

Si l'on applique ces formules à tous les termes de $\bar{e}_2$, on obtient

$$\bar{e}_2 = \delta\mathcal{G} + \delta\mathcal{J},$$

en posant

$$\delta\mathcal{G} = -\int \big[\ (X_1 \cos\lambda + X_2 \cos\mu + X_3 \cos\nu)\,\delta u$$
$$+ (Y_1 \cos\lambda + Y_2 \cos\mu + Y_3 \cos\nu)\,\delta v$$
$$+ (Z_1 \cos\lambda + Z_2 \cos\mu + Z_3 \cos\nu)\,\delta w\ \big]\, d\sigma,$$

$$\delta\mathcal{J} = -\int \bigg[\ \left(X_1 \delta\frac{du}{dx} + X_2 \delta\frac{du}{dy} + X_3 \delta\frac{du}{dz}\right)$$
$$+ \left(Y_1 \delta\frac{dv}{dx} + Y_2 \delta\frac{dv}{dy} + Y_3 \delta\frac{dv}{dz}\right)$$
$$+ \left(Z_1 \delta\frac{dw}{dx} + Z_2 \delta\frac{dw}{dy} + Z_3 \delta\frac{dw}{dz}\right)\bigg]\, d\varpi.$$

Dans l'expression de $\delta\mathcal{G}$, les coefficients de δu, δv, δw sont égaux aux composantes des forces exercées à la surface du corps (n° 6). Désignons ces composantes par F_x, F_y, F_z, et nous aurons

$$\delta\mathcal{G} = \int (F_x\,\delta u + F_y\,\delta v + F_z\,\delta w)\, d\sigma.$$

Ensuite $\delta\mathcal{J}$ s'écrit immédiatement

(b) $\quad \delta\mathcal{J} = -\int (X_1 \delta g_x + Y_2 \delta g_y + Z_3 \delta g_z + Y_3 \delta g_{yz} + Z_1 \delta g_{zx} + X_2 \delta g_{xy})\, d\varpi;$

$\delta\mathcal{G}$ représente le travail élémentaire des forces exercées à la surface et $\delta\mathcal{J}$ représente évidemment le travail intérieur des forces élastiques.

20. Si l'on regarde δu, δv, δw comme des déplacements virtuels, l'équation (a) représente le principe des vitesses virtuelles étendu au cas du mouvement. Dans le cas de l'équilibre d'élasticité, le premier membre de la formule (a) sera nul et elle se réduira à

$$\bar{e}_t + \bar{e}_1 = 0$$

ou à

$$\delta \bar{\mathcal{F}} + \delta \mathcal{G} + \bar{e}_1 = 0$$

ou encore à

$$(c) \quad \delta \bar{\mathcal{F}} + \int \rho (X \delta u + Y \delta v + Z \delta w) d\varpi + \int (F_x \delta u + F_y \delta v + F_z \delta w) ds = 0,$$

$\delta \bar{\mathcal{F}}$ étant donné par la formule (b).

C'est sous cette forme que, dans la suite, nous appliquerons l'équation du principe des vitesses virtuelles. Elle sera très commode dans l'emploi des divers systèmes de coordonnées; elle donnera non seulement les équations qui régissent le déplacement de chaque point du corps, mais encore elle fournira les conditions à la surface, F_x, F_y, F_z étant les composantes données de la force appliquée à chaque point de la surface.

On passera du cas de l'équilibre au cas du mouvement en remplaçant, dans l'équation (c), X par $X - \dfrac{d^2 u}{dt^2}$, ...

Réduction à 21 du nombre des coefficients des expressions des composantes élastiques.

21. D'après l'expression de $\delta \bar{\mathcal{F}}$, le travail des forces élastiques sur l'élément $d\varpi$, estimé par unité de volume, a pour valeur

$$(\alpha) \quad \delta P = -(X_1 \delta x_x + Y_1 \delta x_y + Z_1 \delta z_z + Y_2 \delta z_{y_z} + Z_3 \delta z_{z_x} + X_3 \delta z_{x_y}).$$

Selon ce qui a été remarqué par Green, cette expression doit être la différentielle totale d'une fonction P par rapport aux dilatations et aux glissements; car, si cette expression est une telle différentielle totale, en imaginant une suite de déformations qui ramènent le corps à l'état primitif, il ne se produira aucun travail, tandis que, dans le cas contraire, la même suite de déformations engendrerait un travail, qu'on

CONSIDÉRATIONS GÉNÉRALES.

obtiendrait en regardant le signe δ comme la caractéristique d'une différentiation par rapport au temps t et en intégrant par rapport à t.

L'expression (z) étant une différentielle totale, il en résulte $\frac{6.5}{2} = 15$ équations de condition, ce qui réduit à 21 les 36 coefficients, ainsi que l'a remarqué Green.

Les quinze équations de condition sont de cette forme

$$\frac{dX_1}{d\delta_y} = \frac{dY_1}{d\delta_x}, \qquad \frac{dX_1}{dg_{yz}} = \frac{dY_1}{d\delta_z}, \qquad \ldots,$$

et, en employant de nouvelles notations, nous poserons

$$B_1 = A_2 = d, \qquad C_1 = A_3 = e, \qquad C_2 = B_3 = f,$$
$$H_1 = A_4 = l_1, \qquad K_1 = A_5 = h_1, \qquad L_1 = A_6 = k_1,$$
$$H_2 = B_4 = l_2, \qquad K_2 = B_5 = h_2, \qquad L_2 = B_6 = k_2,$$
$$H_3 = C_4 = l_3, \qquad K_3 = C_5 = h_3, \qquad L_3 = C_6 = k_3,$$
$$\mathcal{K}_1 = \mathfrak{H}_2 = d_1, \qquad \mathcal{K}_1 = \mathfrak{H}_3 = e_1, \qquad \mathcal{K}_2 = \mathcal{K}_3 = f_1.$$

Forme générale des équations de l'élasticité.

22. D'après les réductions que nous venons d'obtenir dans les coefficients des expressions des composantes élastiques données au n° 18, nous obtenons les formules suivantes :

$$X_1 = a\delta_x + d\delta_y + e\delta_z + l_1 g_{yz} + h_1 g_{zx} + k_1 g_{xy},$$
$$Y_2 = d\delta_x + b\delta_y + f\delta_z + l_2 g_{yz} + h_2 g_{zx} + k_2 g_{xy},$$
$$Z_3 = e\delta_x + f\delta_y + c\delta_z + l_3 g_{yz} + h_3 g_{zx} + k_3 g_{xy},$$
$$Y_3 = l_1 \delta_x + l_2 \delta_y + l_3 \delta_z + a_1 g_{yz} + d_1 g_{zx} + e_1 g_{xy},$$
$$Z_1 = h_1 \delta_x + h_2 \delta_y + h_3 \delta_z + d_1 g_{yz} + b_1 g_{zx} + f_1 g_{xy},$$
$$X_2 = k_1 \delta_x + k_2 \delta_y + k_3 \delta_z + e_1 g_{yz} + f_1 g_{zx} + c_1 g_{xy}.$$

Les équations de l'équilibre d'élasticité sont (n° 1)

$$(a) \begin{cases} \dfrac{dX_1}{dx} + \dfrac{dX_2}{dy} + \dfrac{dX_3}{dz} + \rho A = 0, \\ \dfrac{dY_1}{dx} + \dfrac{dY_2}{dy} + \dfrac{dY_3}{dz} + \rho B = 0, \\ \dfrac{dZ_1}{dx} + \dfrac{dZ_2}{dy} + \dfrac{dZ_3}{dz} + \rho C = 0, \end{cases}$$

32 CHAPITRE I.

et, comme les composantes élastiques contiennent au premier dégré les dérivées de u, v, w, les équations (a) seront linéaires et du second ordre par rapport à ces quantités.

Représentons par les symboles ξ, η, ζ les signes de dérivation $\dfrac{d}{dx}$, $\dfrac{d}{dy}$, $\dfrac{d}{dz}$; ainsi $\xi^2 u$, $\xi\eta v$ représenteront respectivement $\dfrac{d^2 u}{dx^2}$, $\dfrac{d^2 v}{dx\,dy}$. Alors les équations (a) pourront se mettre sous la forme symbolique suivante

$$(b) \quad \begin{cases} \mathcal{L}\,u + \mathrm{P}\,v + \mathrm{M}\,w + \rho\mathrm{A} = 0, \\ \mathrm{P}\,u + \mathfrak{M}\,v + \mathrm{L}\,w + \rho\mathrm{B} = 0, \\ \mathrm{M}\,u + \mathrm{L}\,v + \mathcal{P}\,w + \rho\mathrm{C} = 0, \end{cases}$$

$\mathcal{L}$, $\mathfrak{M}$, $\mathcal{P}$, L, M, P étant des polynômes symboliques homogènes et du second degré par rapport à ξ, η, ζ, et l'on trouvera

$$\mathcal{L} = a\xi^2 + c_1\eta^2 + b_1\zeta^2 + 2f_1\eta\zeta + 2h_1\zeta\xi + 2k_1\xi\eta,$$
$$\mathfrak{M} = c_1\xi^2 + b\eta^2 + a_1\zeta^2 + 2l_1\eta\zeta + 2e_1\zeta\xi + 2k_1\xi\eta,$$
$$\mathcal{P} = b_1\xi^2 + a_1\eta^2 + c\zeta^2 + 2l_1\eta\zeta + 2h_1\zeta\xi + 2d_1\xi\eta,$$
$$\mathrm{L} = f_1\xi^2 + l_2\eta^2 + l_3\zeta^2 + (f + a_1)\eta\zeta + (k_3 + d_1)\zeta\xi + (e_1 + h_3)\xi\eta,$$
$$\mathrm{M} = h_1\xi^2 + e_1\eta^2 + h_3\zeta^2 + (k_3 + d_1)\eta\zeta + (e + b_1)\zeta\xi + (l_1 + f_1)\xi\eta,$$
$$\mathrm{P} = k_1\xi^2 + k_2\eta^2 + d_1\zeta^2 + (e_1 + h_3)\eta\zeta + (l_1 + f_1)\zeta\xi + (d + c_1)\xi\eta.$$

Considérons ensuite la fonction des six symboles ξ^2, η^2, ζ^2, $2\eta\zeta$, $2\zeta\xi$, $2\xi\eta$, regardés comme indécomposables,

$$\Theta = \frac{a}{2}(\xi^2)^2 + \frac{b}{2}(\eta^2)^2 + \frac{c}{2}(\zeta^2)^2 + k_1 2\xi\eta.\xi^2 + k_2 2\xi\eta.\eta^2 + h_1 2\zeta\xi.\xi^2$$
$$+ h_3 2\zeta\xi.\zeta^2 + l_2 2\eta\zeta.\eta^2 + l_3 2\eta\zeta.\zeta^2 + c_1\xi^2.\eta^2 + b_1\xi^2.\zeta^2$$
$$+ a_1\eta^2.\zeta^2 + f_1 2\eta\zeta.\xi^2 + e_1 2\zeta\xi.\eta^2 + d_1 2\xi\eta.\zeta^2$$
$$+ \frac{f + a_1}{4}(2\eta\zeta)^2 + \frac{e + b_1}{4}(2\zeta\xi)^2 + \frac{d + c_1}{4}(2\xi\eta)^2$$
$$+ \frac{k_3 + d_1}{2} 2\zeta\xi.2\eta\zeta + \frac{e_1 + h_3}{2} 2\xi\eta.2\eta\zeta + \frac{l_1 + f_1}{2} 2\xi\eta.2\zeta\xi.$$

Nous obtiendrons les quantités $\mathcal{L}$, $\mathfrak{M}$, $\mathcal{P}$, L, M, P, en prenant les dérivées de Θ respectivement par rapport à ξ^2, η^2, ζ^2, $2\eta\zeta$, $2\zeta\xi$, $2\xi\eta$; ainsi les équations (b) prendront cette forme

(c) $$\begin{cases} \dfrac{d\Theta}{d(\xi^2)}u + \dfrac{d\Theta}{d(2\xi\eta)}v + \dfrac{d\Theta}{d(2\gamma\zeta)}w + A = 0, \\ \dfrac{d\Theta}{d(2\xi\eta)}u + \dfrac{d\Theta}{d(\eta^2)}v + \dfrac{d\Theta}{d(2\eta\zeta)}w + B = 0, \\ \dfrac{d\Theta}{d(2\gamma\zeta)}u + \dfrac{d\Theta}{d(2\eta\zeta)}v + \dfrac{d\Theta}{d(\zeta^2)}w + C = 0, \end{cases}$$

que j'ai déjà donnée dans mon Mémoire *Sur la dispersion de la lumière* (*Journal de Liouville*, 1866).

23. Faisons une transformation de coordonnées rectangulaires, indiquée par les formules

(d) $$\begin{cases} x = m_1 x' + m_2 y' + m_3 z', \\ y = n_1 x' + n_2 y' + n_3 z', \\ z = p_1 x' + p_2 y' + p_3 z'; \end{cases}$$

alors les 21 coefficients a, b, c, k_1, ... seront, dans les trois équations (b), changés dans d'autres que nous désignerons respectivement par a', b', c', k'_1, ... On a ensuite les formules symboliques

$$\frac{d}{dx'} = m_1 \frac{d}{dx} + n_1 \frac{d}{dy} + p_1 \frac{d}{dz},$$
$$\frac{d}{dy'} = m_2 \frac{d}{dx} + n_2 \frac{d}{dy} + p_2 \frac{d}{dz},$$
$$\frac{d}{dz'} = m_3 \frac{d}{dx} + n_3 \frac{d}{dy} + p_3 \frac{d}{dz}.$$

Si nous remplaçons non seulement $\dfrac{d}{dx}$, $\dfrac{d}{dy}$, $\dfrac{d}{dz}$ par les symboles ξ, η, ζ, mais encore $\dfrac{d}{dx'}$, $\dfrac{d}{dy'}$, $\dfrac{d}{dz'}$ par ξ', η', ζ', ces dernières formules s'écriront

$$\xi' = m_1 \xi + n_1 \eta + p_1 \zeta,$$
$$\eta' = m_2 \xi + n_2 \eta + p_2 \zeta,$$
$$\zeta' = m_3 \xi + n_3 \eta + p_3 \zeta,$$

et, d'après les relations qui existent entre les cosinus m, n, p, on en

déduit encore
$$\xi = m_1 \xi' + m_2 \eta' + m_3 \zeta',$$
$$\eta = n_1 \xi' + n_2 \eta' + n_3 \zeta',$$
$$\zeta = p_1 \xi' + p_2 \eta' + p_3 \zeta',$$

formules toutes semblables aux équations (d).

De ces formules, nous déduirons ξ^2, η^2, ζ^2, $2\eta\zeta$, $2\zeta\xi$, $2\xi\eta$, et nous aurons

$$\xi^2 = m_1^2 \xi'^2 + m_2^2 \eta'^2 + m_3^2 \zeta'^2 + m_2 m_3 \cdot 2\eta'\zeta' + m_3 m_1 \cdot 2\zeta'\xi' + m_1 m_2 \cdot 2\xi'\eta',$$
$$\dots\dots\dots\dots\dots\dots\dots\dots\dots\dots\dots\dots\dots\dots\dots\dots\dots\dots,$$
$$2\xi\eta = 2 m_1 n_1 \xi'^2 + 2 m_2 n_2 \eta'^2 + 2 m_3 n_3 \zeta'^2 + (m_2 n_3 + m_3 n_2) 2\eta'\zeta'$$
$$+ (m_3 n_1 + m_1 n_3) 2\zeta'\xi' + (m_1 n_2 + m_2 n_1) 2\xi'\eta',$$

formules dans lesquelles nous devons considérer ξ'^2, η'^2, ..., $2\xi'\eta'$ comme des signes indécomposables, de sorte que, par exemple, $2\xi'\eta'.2\eta'\zeta'$ n'équivaut pas à $2\xi'^2.2\eta'\zeta'$. Par l'emploi de ces formules, la fonction Θ se change en la suivante

$$\Theta' = \frac{a'}{2}(\xi'^2)^2 + \frac{b'}{2}(\eta'^2)^2 + \frac{c'}{2}(\zeta'^2)^2 + k'_1.2\xi'\eta'.\xi'^2 + \dots + \frac{l'_1 + f'_1}{2} 2\xi'\eta'.2\eta'\zeta',$$

et l'on aura, au lieu des équations (b), les suivantes

$$\xi'u' + P'v' + M'w' + \Lambda' = 0, \quad \dots$$

dans lesquelles ξ', $\mathfrak{M}'$, ..., P' seront les dérivées de Θ' par rapport à ξ'^2, η'^2, ..., $2\xi'\eta'$.

Si nous supprimons le symbolisme dans la fonction Θ, les 21 termes qui y entrent se réduiront à 15 seulement, et son expression se changera dans la suivante :

$$\mathfrak{K} = \frac{a}{2}\xi^2 + \frac{b}{2}\eta^2 + \frac{c}{2}\zeta^2 + 2k_1\xi^3\eta + 2k_2\xi\eta^3 + 2h_1\xi^3\zeta + 2h_2\xi\zeta^3$$
$$+ 2l_1\eta^3\zeta + 2l_2\eta\zeta^3 + (d + 2c_1)\xi^2\eta^2 + (e + 2b_1)\xi^2\zeta^2$$
$$+ (f + 2a_1)\eta^2\zeta^2 + 2(l_1 + 2f_1)\xi\eta\zeta^2 + 2(h_2 + 2e_1)\eta\xi^2\zeta + 2(k_1 + 2d_1)\zeta^2\xi\eta.$$

La transformation de coordonnées précédente changera $\mathfrak{K}$ en

$$\mathfrak{K}' = \frac{a'}{2}\xi'^2 + \frac{b'}{2}\eta'^2 + \dots + 2(k'_1 + 2d'_1)\zeta'^2\xi'\eta'.$$

En remplaçant les lettres ξ, η, ζ par les coordonnées x, y, z d'un point et doublant la fonction $\mathfrak{K}$, nous pouvons dire aussi que le polynôme

$$F = ax^4 + by^4 + cz^4 + 4k_1x^3y + 4k_2xy^3 + 4h_1x^3z + 4h_3xz^3$$
$$+ 4l_1y^3z + 4l_3yz^3 + 2(d + 2c_1)x^2y^2 + 2(e + 2b_1)z^2x^2$$
$$+ 2(f + 2a_1)y^2z^2 + 4(l_1 + 2f_1)x^2yz + 4(h_2 + 2e_1)y^2zx + 4(k_3 + 2d_1)z^2xy$$

se changera, par la transformation de coordonnées, en

$$a'x'^4 + b'y'^4 + \ldots + 4(k'_3 + 2d'_1)z'^2x'y'.$$

L'équation
$$F = 1$$

représente une surface du quatrième degré, que nous appellerons *surface indicatrice*. Il est évident qu'une transformation de coordonnées qui simplifiera l'équation de cette surface simplifiera aussi le plus souvent les équations (b).

Cas où le corps possède un axe d'isotropie.

24. Examinons le cas où le corps possède en chaque point un axe d'isotropie, c'est-à-dire un axe tout autour duquel il a la même élasticité. Prenons-le pour axe des z. La surface indicatrice sera de révolution autour de cette droite, et son équation pourra s'écrire

$$\mathfrak{A}(x^2 + y^2)^2 + 2\mathfrak{B}(x^2 + y^2)z^2 + \mathfrak{C}z^4 = 1$$

ou

$$\mathfrak{A}x^4 + \mathfrak{A}y^4 + \mathfrak{C}z^4 + 2\mathfrak{B}y^2z^2 + 2\mathfrak{B}x^2z^2 + 2\mathfrak{A}x^2y^2 = 1.$$

En comparant le premier membre de cette équation à l'expression de F, on obtient

$$(c) \begin{cases} k_1 = k_2 = h_1 = h_3 = l_1 = l_3 = 0, \quad l_2 = -2f_1, \quad h_2 = -2e_1, \quad k_3 = -2d_1, \\ a = b = \mathfrak{A}, \quad c = \mathfrak{C}, \quad d = \mathfrak{A} - 2c_1, \\ e = \mathfrak{B} - 2b_1, \quad f = \mathfrak{B} - 2a_1. \end{cases}$$

D'après cela, la fonction Θ devient

$$\Theta = \frac{A}{2}(\xi'^2) + \frac{A}{2}(\eta'^2) + \frac{C}{2}(\zeta'^2) + a_1\eta'^2.\xi'^2 + b_1\zeta'^2.\xi'^2 + c_1\xi'^2.\eta'^2$$
$$+ f_1.2\eta'\zeta'.\xi'^2 + e_1.2\xi'\zeta'.\eta'^2 + d_1.2\xi'\eta'.\zeta'^2$$
$$+ \frac{\mathfrak{B}-a_1}{4}(2\eta'\zeta')^2 + \frac{\mathfrak{B}-b_1}{4}(2\xi'\zeta')^2 + \frac{A-c_1}{4}(2\xi'\eta')^2$$
$$- \frac{d_1}{2}2\xi'\zeta'.2\eta'\zeta' - \frac{e_1}{2}2\xi'\eta'.2\eta'\zeta' - \frac{f_1}{2}2\xi'\eta'.2\xi'\zeta'.$$

Toutefois la condition que nous avons exprimée n'est pas suffisante ; il faut plus généralement que la fonction Θ ne change pas quand on fait tourner l'angle droit des xy dans son plan d'un angle quelconque α. Alors les formules de transformation de coordonnées se réduisent à

$$\xi = m_1\xi' + m_2\eta', \quad \eta = n_1\xi' + n_2\eta', \quad \zeta = \zeta',$$

avec

$$m_1 = n_2 = \cos\alpha, \quad m_2 = -n_1 = -\sin\alpha,$$

et, par conséquent, les expressions à substituer dans Θ sont

$$\xi^2 = m_1^2\xi'^2 + m_2^2\eta'^2 + m_1m_2.2\xi'\eta',$$
$$\eta^2 = n_1^2\xi'^2 + n_2^2\eta'^2 + n_1n_2.2\xi'\eta',$$
$$2\eta\zeta = n_1.2\xi'\zeta' + n_2.2\eta'\zeta',$$
$$2\xi\zeta = m_1.2\xi'\zeta' + m_2.2\eta'\zeta',$$
$$2\xi\eta = 2m_1n_1.\xi'^2 + 2m_2n_2.\eta'^2 + (m_1n_2 + n_1m_2)2\xi'\eta'.$$

De ce calcul on conclura les nouvelles relations

(f) $\qquad\qquad a_1 = b_1, \quad d_1 = e_1 = f_1 = 0,$

et la valeur définitive de Θ est la suivante :

$$\Theta = \frac{A}{2}(\xi'^2)^2 + \frac{A}{2}(\eta'^2)^2 + \frac{C}{2}(\zeta'^2)^2 + a_1\eta'^2.\xi'^2 + a_1\zeta'^2.\xi'^2 + c_1\xi'^2.\eta'^2$$
$$+ \frac{\mathfrak{B}-a_1}{4}(2\eta'\zeta')^2 + \frac{\mathfrak{B}-a_1}{4}(2\xi'\zeta')^2 + \frac{A-c_1}{4}(2\xi'\eta')^2.$$

Elle ne renferme donc plus que cinq coefficients : A, C, $\mathfrak{B}$, a_1, c_1. On obtiendra ensuite les composantes des forces élastiques, en faisant les réductions indiquées par les formules (e) et (f) dans les expressions données au n° 22 pour ces composantes. On a ainsi

$$X_1 = \mathfrak{b}\partial_x + (\mathfrak{b} - 2c_1)\partial_y + (\mathfrak{v}\mathfrak{b} - 2a_1)\partial_z,$$
$$Y_2 = (\mathfrak{b} - 2c_1)\partial_x + \mathfrak{b}\partial_y + (\mathfrak{v}\mathfrak{b} - 2a_1)\partial_z,$$
$$Z_3 = (\mathfrak{v}\mathfrak{b} - 2a_1)\partial_x + (\mathfrak{v}\mathfrak{b} - 2a_1)\partial_y + \mathfrak{c}\partial_z,$$
$$Y_1 = a_1 g_{yz}, \quad Z_2 = a_1 g_{zx}, \quad X_2 = c_1 g_{xy}.$$

Cas où le corps est isotrope.

25. Dans le cas où le corps est isotrope, l'expression précédente de Θ ne doit pas changer quand on permute l'axe des z avec celui des x ou celui des y, c'est-à-dire lorsqu'on permute ζ avec ξ ou η.
On en conclut les égalités

$$\mathfrak{c} = \mathfrak{v}\mathfrak{b} = \mathfrak{b}, \quad c_1 = a_1,$$

et l'expression de Θ devient

$$\Theta = \frac{\mathfrak{b}}{2}[(\xi^2)^2 + (\eta^2)^2 + (\zeta^2)^2] + a_1(\eta^2.\zeta^2 + \zeta^2.\xi^2 + \xi^2.\eta^2)$$
$$+ \frac{\mathfrak{b} - a_1}{4}[(2\eta^y_z)^2 + (2\zeta^z_x)^2 + (2\xi^x_y)^2].$$

D'après ces réductions entre les coefficients, les composantes des forces élastiques deviennent

$$X_1 = \mathfrak{b}\partial_x + (\mathfrak{b} - 2a_1)\partial_y + (\mathfrak{b} - 2a_1)\partial_z,$$
$$Y_2 = \mathfrak{b}\partial_y + (\mathfrak{b} - 2a_1)\partial_z + (\mathfrak{b} - 2a_1)\partial_x,$$
$$Z_3 = \mathfrak{b}\partial_z + (\mathfrak{b} - 2a_1)\partial_x + (\mathfrak{b} - 2a_1)\partial_y,$$
$$Y_1 = a_1 g_{yz}, \quad Z_2 = a_1 g_{zx}, \quad X_2 = a_1 g_{xy}.$$

Si nous posons

$$\mathfrak{b} - 2a_1 = \lambda, \quad a_1 = \mu,$$

et si nous désignons par ϑ la dilatation de volume, nous aurons ces

formules :
$$\vartheta = \partial_x + \partial_y + \partial_z,$$
$$X_1 = \lambda\vartheta + 2\mu\partial_x, \qquad Y_2 = \mu g_{yz},$$
$$Y_1 = \lambda\vartheta + 2\mu\partial_y, \qquad Z_2 = \mu g_{zx},$$
$$Z_1 = \lambda\vartheta + 2\mu\partial_z, \qquad X_2 = \mu g_{xy}.$$

Cas où le corps a un plan de symétrie.

26. Supposons que le corps ait un plan de symétrie et prenons-le pour plan des xy. Mettons les équations de l'élasticité sous la forme

(g)
$$\begin{cases} \dfrac{d\Theta}{d(\xi^2)} u + \dfrac{d\Theta}{d(2\xi\eta)} v + \dfrac{d\Theta}{d(2\xi\zeta)} w + A = 0, \\[4pt] \dfrac{d\Theta}{d(2\xi\eta)} u + \dfrac{d\Theta}{d(\eta^2)} v + \dfrac{d\Theta}{d(2\eta\zeta)} w + B = 0, \\[4pt] \dfrac{d\Theta}{d(2\xi\zeta)} u + \dfrac{d\Theta}{d(2\eta\zeta)} v + \dfrac{d\Theta}{d(\zeta^2)} w + C = 0. \end{cases}$$

Si l'on change l'axe des z en son prolongement, A et B restent les mêmes et C change de signe seulement. Donc, pour que le plan des xy soit un plan de symétrie, il faut que les trois premiers termes de ces deux premières équations ne changent pas et que les trois premiers termes de la troisième équation changent de signe. Or remarquons que, si l'on change l'axe des z en son prolongement, w se changera en $-w$ et dz se changera en $-dz$, c'est-à-dire ζ en $-\zeta$. Il en résulte que les trois premiers termes des deux premières équations (g) ne changeront pas par le changement de w en $-w$ et de ζ en $-\zeta$, et que les mêmes termes changeront de signe dans la troisième équation (g).

On réalisera ces conditions en ne laissant dans Θ que des termes qui ne renferment pas la lettre ζ ou la contiennent un nombre pair de fois, et l'on aura ainsi

$$\Theta = \frac{a}{2}(\xi^2)^2 + \frac{b}{2}(\eta^2)^2 + \frac{c}{2}(\zeta^2)^2 + k_1 \cdot 2\xi\eta \cdot \xi^2 + k_2 \cdot 2\xi\eta \cdot \eta^2$$
$$+ a_1 \eta^2 \cdot \zeta^2 + b_1 \zeta^2 \cdot \xi^2 + c_1 \xi^2 \cdot \eta^2$$
$$+ d_1 \cdot 2\xi\eta \cdot \zeta^2 + \frac{f + a_1}{4}(2\eta\zeta)^2 + \frac{e + b_1}{4}(2\xi\zeta)^2$$
$$+ \frac{d + c_1}{4}(2\xi\eta)^2 + \frac{k_1 + d_1}{2} 2\xi\zeta \cdot 2\eta\zeta.$$

On fait donc, dans l'expression générale de Θ,

(h) $\qquad h_1 = h_2 = h_3 = l_1 = l_2 = l_3 = 0, \qquad f_1 = e_1 = 0.$

S'il existe un second plan de symétrie rectangulaire sur le premier, nous pouvons supposer que c'est le plan des xz; alors Θ devra contenir dans chaque terme la lettre η un nombre pair de fois, et l'on aura ainsi

$$\Theta = \frac{a}{2}(\xi^2)^2 + \frac{b}{2}(\eta^2)^2 + \frac{c}{2}(\zeta^2)^2 + a_1\eta^2.\zeta^2 + b_1\zeta^2.\xi^2 + c_1\xi^2.\eta^2$$
$$+ \frac{f + a_1}{4}(2\eta\zeta)^2 + \frac{e + b_1}{4}(2\zeta\xi)^2 + \frac{d + c_1}{4}(2\xi\eta)^2.$$

La fonction Θ renferme alors neuf coefficients distincts qui s'expriment au moyen des neuf quantités

$a, b, c, a_1, b_1, c_1, d, e, f,$

et, outre les égalités (h), nous avons les suivantes :

$k_1 = k_2 = k_3 = 0, \qquad d_1 = 0.$

Remarquons que la dernière expression de Θ renferme aussi la lettre ξ un nombre pair de fois dans chaque terme, ce qui indique une symétrie du corps par rapport au plan des yz. On en conclut qu'un cristal, qui possède deux plans de symétrie rectangulaires entre eux, en possède toujours un troisième, rectangulaire sur les deux premiers.

Sur l'hypothèse de l'attraction mutuelle des molécules d'un corps solide suivant une fonction de la distance.

27. Supposons qu'un corps solide soit composé de molécules qui s'attirent ou se repoussent mutuellement suivant une fonction de la distance, sans être assujetties à de certaines liaisons, telles qu'on en considère en *Mécanique analytique*. Nous allons alors démontrer que les 21 coefficients qui entrent dans les expressions des forces élastiques se réduisent à 15.

Soient x, y, z les coordonnées d'une molécule m, et $x+\alpha$, $y+\beta$, $z+\gamma$ celles d'une molécule m' extrêmement voisine, et à la distance r de la première; puis désignons par $mm'\varphi(r)$ la force exercée par m' sur m et que nous prendrons positive ou négative, suivant que l'action sera attractive ou répulsive. Si l'on pose

$$\frac{\varphi(r)}{r} = f(r),$$

les composantes de cette action seront

$$mm'\alpha f(r), \quad mm'\beta f(r), \quad mm'\gamma f(r),$$

et, dans l'état naturel du corps, pour que la molécule m soit en équilibre, il faudra que la résultante de toutes les actions semblables exercées sur m soit nulle, ce qui donne les trois équations

(1) $$\Sigma m'\alpha f(r) = 0, \quad \Sigma m'\beta f(r) = 0, \quad \Sigma m'\gamma f(r) = 0,$$

le signe Σ indiquant une somme qui s'étend à toutes les molécules m' situées dans la sphère d'activité de m.

Supposons un dérangement infiniment petit des molécules. Alors soient u, v, w les composantes du déplacement de m, et soient $u+\Delta u$, $v+\Delta v$, $w+\Delta w$ ce que deviennent les précédentes quantités quand on passe de m à m', et désignons par ρ l'accroissement de r. Les projections de $r+\rho$ sont

$$\alpha + \Delta u, \quad \beta + \Delta v, \quad \gamma + \Delta w,$$

et l'on a, par conséquent,

(2) $$(r+\rho)^2 = (\alpha+\Delta u)^2 + (\beta+\Delta v)^2 + (\gamma+\Delta w)^2.$$

La résultante des actions des molécules m' sur m a pour composantes

$$m \Sigma m'(\alpha+\Delta u) f(r+\rho), \quad \ldots$$

Si l'on désigne, de plus, par A, B, C les composantes de la force extérieure, le mouvement de la molécule m sera donné par les équations

$$(3)\begin{cases} \dfrac{d^2u}{dt^2} = \sum m'(\alpha+\Delta u)f(r+\rho) + \mathrm{A}, \\ \dfrac{d^2v}{dt^2} = \sum m'(\beta+\Delta v)f(r+\rho) + \mathrm{B}, \\ \dfrac{d^2w}{dt^2} = \sum m'(\gamma+\Delta w)f(r+\rho) + \mathrm{C}. \end{cases}$$

De l'équation (2), on déduit

$$\rho = \frac{\alpha\,\Delta u + \beta\,\Delta v + \gamma\,\Delta w}{r},$$

à cause de la petitesse de Δu, Δv, Δw, ρ. Pour la même raison, en ayant égard aux équations (1), on peut mettre les équations (3) sous cette forme

$$(4)\begin{cases} \dfrac{d^2u}{dt^2} = \sum m f(r)\Delta u + \sum m\dfrac{df}{dr}\alpha\rho + \mathrm{A}, \\ \dfrac{d^2v}{dt^2} = \sum m f(r)\Delta v + \sum m\dfrac{df}{dr}\beta\rho + \mathrm{B}, \\ \dfrac{d^2w}{dt^2} = \sum m f(r)\Delta w + \sum m\dfrac{df}{dr}\gamma\rho + \mathrm{C}. \end{cases}$$

Regardons les premiers termes qui renferment $f(r)$ comme très petits par rapport aux seconds qui renferment $\dfrac{df}{dr}$, et, en remplaçant ρ par sa valeur, nous aurons les équations suivantes :

$$\dfrac{d^2u}{dt^2} = \sum m\dfrac{df}{dr}\dfrac{\alpha^2\Delta u + \alpha\beta\,\Delta v + \alpha\gamma\,\Delta w}{r} + \mathrm{A},$$

$$\dfrac{d^2v}{dt^2} = \sum m\dfrac{df}{dr}\dfrac{\alpha\beta\,\Delta u + \beta^2\Delta v + \beta\gamma\,\Delta w}{r} + \mathrm{B},$$

$$\dfrac{d^2w}{dt^2} = \sum m\dfrac{df}{dr}\dfrac{\alpha\gamma\,\Delta u + \beta\gamma\,\Delta v + \gamma^2\Delta w}{r} + \mathrm{C}.$$

Les quantités Δu, Δv, Δw peuvent s'obtenir d'après la formule

$$\Delta u = \frac{du}{dx}\alpha + \frac{du}{dy}\beta + \frac{du}{dz}\gamma$$
$$+ \frac{1}{2}\left(\frac{d^2u}{dx^2}\alpha^2 + \frac{d^2u}{dy^2}\beta^2 + \frac{d^2u}{dz^2}\gamma^2 + 2\frac{d^2u}{dy\,dz}\beta\gamma + 2\frac{d^2u}{dz\,dx}\gamma\alpha + 2\frac{d^2u}{dx\,dy}\alpha\beta\right) + \ldots$$

Pour que, après la substitution des expressions de Δu, Δv, Δw, les équations précédentes soient de même forme que celles de la théorie de l'élasticité

(5) $$\rho \frac{d^2 u}{dt^2} = \mathcal{Z}u + \mathrm{P}v + \mathrm{M}w + \rho \mathrm{A}, \quad \ldots,$$

trouvées ci-dessus (n° 22), il faut supprimer les sommes multipliées par les dérivées du premier ordre de u, v, w, sommes composées de termes du troisième degré par rapport à α, β, γ, et qui peuvent, en effet, être supposées nulles en général, comme composées de termes égaux et de signe contraire. Alors, en représentant encore par les symboles ξ, η, ζ les signes $\frac{d}{dx}$, $\frac{d}{dy}$, $\frac{d}{dz}$, les équations du mouvement prennent la forme suivante

(6) $$\begin{cases} \frac{d^2 u}{dt^2} = \mathcal{Z}'u + \mathrm{P}'v + \mathrm{M}'w + \mathrm{A}, \\ \frac{d^2 v}{dt^2} = \mathrm{P}'u + \mathcal{R}'v + \mathrm{L}'w + \mathrm{B}, \\ \frac{d^2 w}{dt^2} = \mathrm{M}'u + \mathrm{L}'v + \mathcal{Q}'w + \mathrm{C}, \end{cases}$$

où $\mathcal{Z}'$, P', ... seront des polynômes symboliques homogènes et du second degré par rapport à ξ, η, ζ.

28. La formule de Taylor, appliquée aux accroissements Δu, Δv, Δw, donne aussi ces formules symboliques

$$\Delta u = (e^{\alpha \xi + \beta \eta + \gamma \zeta} - 1)u, \quad \ldots;$$

on en conclut ces expressions

$$\mathcal{Z}' = \sum \frac{m}{r} \alpha^2 \frac{df}{dr}(e^{\alpha\xi+\beta\eta+\gamma\zeta}-1), \qquad \mathrm{L}' = \sum \frac{m}{r}\beta\gamma \frac{df}{dr}(e^{\alpha\xi+\beta\eta+\gamma\zeta}-1),$$

$$\mathcal{R}' = \sum \frac{m}{r}\beta^2 \frac{df}{dr}(e^{\alpha\xi+\beta\eta+\gamma\zeta}-1), \qquad \mathrm{M}' = \sum \frac{m}{r}\gamma\alpha \frac{df}{dr}(e^{\alpha\xi+\beta\eta+\gamma\zeta}-1),$$

$$\mathcal{Q}' = \sum \frac{m}{r}\gamma^2 \frac{df}{dr}(e^{\alpha\xi+\beta\eta+\gamma\zeta}-1), \qquad \mathrm{P}' = \sum \frac{m}{r}\alpha\beta \frac{df}{dr}(e^{\alpha\xi+\beta\eta+\gamma\zeta}-1).$$

Il en résulte que ces six fonctions symboliques sont les dérivées secondes d'une même fonction Θ' et qu'on peut poser

$$\mathcal{L}' = \frac{d^2\Theta'}{d\xi^2}, \qquad \mathcal{K}' = \frac{d^2\Theta'}{d\eta^2}, \qquad \mathcal{T}' = \frac{d^2\Theta'}{d\zeta^2},$$

$$\mathrm{L}' = \frac{d^2\Theta'}{d\eta\,d\zeta}, \qquad \mathrm{M}' = \frac{d^2\Theta'}{d\zeta\,d\xi}, \qquad \mathrm{P}' = \frac{d^2\Theta'}{d\xi\,d\eta},$$

en faisant

$$\Theta' = \sum \frac{m}{r}\frac{df}{dr}\left[e^{x\xi + 3\eta + \gamma\zeta} - 1 - (x\xi + 3\eta + \gamma\zeta) - \frac{(x\xi + 3\eta + \gamma\zeta)^2}{2} \right].$$

Ces formules ont été données par Cauchy.

Afin d'obtenir pour $\mathcal{L}'$, P', ... des polynômes du second degré en ξ, η, ζ, nous réduirons Θ' à

$$\Theta' = \sum \frac{m}{r}\frac{df}{dr}\frac{(x\xi + 3\eta + \gamma\zeta)^4}{2.3.4}.$$

ou encore nous poserons

$$\Theta' = \frac{a}{12}\xi^4 + \frac{b}{12}\eta^4 + \frac{c}{12}\zeta^4 + \mathrm{D}\eta^2\zeta^2 + \mathrm{E}\zeta^2\xi^2 + \mathrm{F}\xi^2\eta^2 + \mathrm{G}_1\xi^3\eta + \mathrm{H}_1\xi^3\zeta$$
$$+ \mathrm{G}_2\eta^3\zeta + \mathrm{H}_2\eta^3\xi + \mathrm{G}_3\zeta^3\xi + \mathrm{H}_3\zeta^3\eta + \mathrm{L}_1\xi^2\eta\zeta + \mathrm{L}_2\eta^2\zeta\xi + \mathrm{L}_3\zeta^2\xi\eta.$$

expression qui renferme 15 coefficients seulement.

Il est facile de prouver que les équations (6) ne sont qu'un cas particulier des équations (5). Prenons la densité ρ pour unité, et il s'agit de prouver qu'on peut satisfaire à ces six égalités

$$\mathcal{L} = \mathcal{L}', \qquad \mathcal{K} = \mathcal{K}', \qquad \mathcal{T} = \mathcal{T}', \qquad \mathrm{L} = \mathrm{L}', \qquad \mathrm{M} = \mathrm{M}', \qquad \mathrm{P} = \mathrm{P}',$$

quels que soient les coefficients de Θ'; on trouve ainsi qu'il suffit de poser

$$l_1 = 3\mathrm{G}_2, \qquad h_1 = 3\mathrm{H}_3, \qquad k_1 = 3\mathrm{G}_1,$$
$$l_2 = 3\mathrm{H}_2, \qquad h_2 = 3\mathrm{G}_3, \qquad k_2 = 3\mathrm{H}_1,$$
$$f = a_1 = 2\mathrm{D}, \qquad k_3 = d_1 = \mathrm{L}_1, \qquad e_1 = h_3 = \mathrm{L}_2,$$
$$e = b_1 = 2\mathrm{E}, \qquad l_3 = f_1 = \mathrm{L}_3, \qquad d = c_1 = 2\mathrm{F}.$$

En définitive, les trois fonctions L, M, P renferment des termes en $\eta\zeta$,

44 CHAPITRE I. — CONSIDÉRATIONS GÉNÉRALES.

z_3, z_4, qui ont pour coefficients les six quantités

$$f + a_1, \quad e + b_1, \quad d + c_1,$$
$$k_1 + d_1, \quad e_1 + h_2, \quad l_1 + f_1,$$

composées de deux termes, qu'il faut prendre égaux pour passer du cas général des équations (5) aux équations (6). L'égalité de 12 coefficients deux à deux réduit ainsi à 15 les 21 coefficients du cas général.

Si l'on n'avait pas regardé comme nulles les premières sommes qui se trouvent dans les seconds membres des équations (4), on n'aurait pu identifier ces équations avec celles de la théorie de l'élasticité.

Il est très important de voir ce que deviennent les formules relatives au corps isotrope, trouvées n° 25, quand on le suppose composé de molécules qui s'attirent ou se repoussent suivant une fonction de la distance. Dans les équations (e) du n° 24, il faut faire $f = a_1$; on a donc $\omega = 3a_1$; par suite,

$$\lambda = 3a_1 \quad \text{et} \quad \lambda = \mu.$$

Nous verrons que les expériences prouvent que cette égalité n'a pas lieu, mais que le rapport $\dfrac{\lambda}{\mu}$ a une valeur variable avec la substance.

CHAPITRE II.

CORPS ISOTROPES. — SOLUTIONS DE QUELQUES PROBLÈMES SUR L'ÉQUILIBRE D'ÉLASTICITÉ DE CES CORPS.

Dans le premier Chapitre, nous nous sommes occupés des propriétés des corps solides élastiques homogènes, pris dans toute leur généralité. Nous allons maintenant supposer que les corps sont isotropes et résoudre quelques problèmes fort simples sur leur équilibre d'élasticité.

Nous avons vu que, dans ce cas, les expressions des composantes élastiques dépendent de deux coefficients λ et μ. Si λ est différent de μ, il faudra en conclure (n° 28) qu'un corps solide isotrope ne peut être considéré comme un assemblage de molécules libres qui s'attirent ou se repoussent mutuellement suivant une fonction de leurs distances, et, à plus forte raison, cette hypothèse ne pourra être admise pour les corps hétérotropes. Or les solutions des problèmes que nous traiterons nous donneront des formules qui, comparées avec les résultats de l'expérience, montreront que λ est différent de μ.

Équations de l'équilibre d'élasticité.

1. Si l'on désigne de nouveau par u, v, w les projections du déplacement de chaque point du corps après la déformation, la dilatation de volume en chaque point sera

$$\vartheta = \frac{du}{dx} + \frac{dv}{dy} + \frac{dw}{dz},$$

et les composantes des forces élastiques auront pour expressions

$$X_1 = \lambda\vartheta + 2\mu\frac{du}{dx}, \qquad Y_3 = Z_2 = \mu\left(\frac{dv}{dz} + \frac{dw}{dy}\right),$$
$$Y_2 = \lambda\vartheta + 2\mu\frac{dv}{dy}, \qquad Z_1 = X_3 = \mu\left(\frac{dw}{dx} + \frac{du}{dz}\right),$$
$$Z_3 = \lambda\vartheta + 2\mu\frac{dw}{dz}, \qquad X_2 = Y_1 = \mu\left(\frac{du}{dy} + \frac{dv}{dx}\right).$$

En substituant ces expressions dans les équations de l'équilibre d'élasticité

(1) $$\begin{cases} \dfrac{dX_1}{dx} + \dfrac{dX_2}{dy} + \dfrac{dX_3}{dz} + \rho A = 0, \\ \dfrac{dY_1}{dx} + \dfrac{dY_2}{dy} + \dfrac{dY_3}{dz} + \rho B = 0, \\ \dfrac{dZ_1}{dx} + \dfrac{dZ_2}{dy} + \dfrac{dZ_3}{dz} + \rho C = 0, \end{cases}$$

nous obtenons les équations suivantes auxquelles doivent satisfaire les déplacements u, v, w,

(2) $$\begin{cases} (\lambda + \mu)\dfrac{d\vartheta}{dx} + \mu\left(\dfrac{d^2 u}{dx^2} + \dfrac{d^2 u}{dy^2} + \dfrac{d^2 u}{dz^2}\right) + \rho A = 0, \\ (\lambda + \mu)\dfrac{d\vartheta}{dy} + \mu\left(\dfrac{d^2 v}{dx^2} + \dfrac{d^2 v}{dy^2} + \dfrac{d^2 v}{dz^2}\right) + \rho B = 0, \\ (\lambda + \mu)\dfrac{d\vartheta}{dz} + \mu\left(\dfrac{d^2 w}{dx^2} + \dfrac{d^2 w}{dy^2} + \dfrac{d^2 w}{dz^2}\right) + \rho C = 0. \end{cases}$$

Si l'on fait $\lambda = \mu$, on obtient les équations trouvées directement par Navier, en supposant que les molécules agissent l'une sur l'autre suivant une fonction de leur distance; car Poisson a considéré le premier les forces élastiques exercées sur un plan et établi les équations (1).

En outre, on a à satisfaire à des conditions aux limites, exprimant quelles sont les forces appliquées à la surface du corps; ce que l'on fera en appliquant le théorème de l'équilibre du tétraèdre (Chap. I, n° 6).

2. En se rappelant la valeur de ϑ, les équations précédentes peuvent

aussi s'écrire

$$(\lambda + 2\mu)\frac{d\vartheta}{dx} + \mu\left[\frac{d}{dy}\left(\frac{du}{dy} - \frac{dv}{dx}\right) - \frac{d}{dz}\left(\frac{dw}{dx} - \frac{du}{dz}\right)\right] + \rho A = 0,$$

$$(\lambda + 2\mu)\frac{d\vartheta}{dy} + \mu\left[\frac{d}{dz}\left(\frac{dv}{dz} + \frac{dw}{dy}\right) - \frac{d}{dx}\left(\frac{du}{dy} - \frac{dv}{dx}\right)\right] + \rho B = 0,$$

$$(\lambda + 2\mu)\frac{d\vartheta}{dz} + \mu\left[\frac{d}{dx}\left(\frac{dw}{dx} + \frac{du}{dz}\right) - \frac{d}{dy}\left(\frac{dv}{dz} - \frac{dw}{dy}\right)\right] + \rho C = 0.$$

Employons cette notation bien connue

$$\frac{d^2\vartheta}{dx^2} + \frac{d^2\vartheta}{dy^2} + \frac{d^2\vartheta}{dz^2} = \Delta\vartheta;$$

puis différentions les trois équations précédentes respectivement par rapport à x, y, z, et ajoutons ; nous aurons

(3) $$(\lambda + 2\mu)\Delta\vartheta + \rho\left(\frac{dA}{dx} + \frac{dB}{dy} + \frac{dC}{dz}\right) = 0.$$

Si la force extérieure est nulle ou, plus généralement, si ses composantes A, B, C satisfont à l'équation

(4) $$\frac{dA}{dx} + \frac{dB}{dy} + \frac{dC}{dz} = 0,$$

l'équation (3) se réduira à

(5) $$\Delta\vartheta = 0.$$

L'équation (4) a effectivement lieu si les composantes A, B, C proviennent d'attractions ou de répulsions de centres fixes, s'exerçant en raison inverse du carré de la distance. Alors, en effet, A, B, C peuvent se mettre sous cette forme

$$A = \frac{dF}{dx}, \quad B = \frac{dF}{dy}, \quad C = \frac{dF}{dz},$$

et l'on a l'équation (4) ou

(6) $$\Delta F = 0.$$

Si le corps, au lieu d'être en équilibre d'élasticité, subissait un mouvement vibratoire, on devrait remplacer A, B, C par

$$-\frac{d^2u}{dt^2}, \quad -\frac{d^2v}{dt^2}, \quad -\frac{d^2w}{dt^2},$$

et l'on aurait, au lieu de l'équation (3),

$$(\lambda + 2\mu)\Delta\varphi = \rho\frac{d^2\varphi}{dt^2}.$$

Formons le Δ de la première équation (2), c'est-à-dire formons-en les dérivées secondes par rapport à x, y, z, et ajoutons les trois résultats. Alors, d'après les équations (5) et (6), nous aurons

$$\Delta\Delta u = 0;$$

nous aurons de même

$$\Delta\Delta v = 0, \quad \Delta\Delta w = 0.$$

Les composantes des forces élastiques sont des fonctions linéaires des dérivées u, v, w par rapport à x, y, z; il en résulte que chacune de ces composantes K satisfait à l'équation

$$\Delta\Delta K = 0.$$

Corps soumis à une pression uniforme sur toute sa surface.

3. Lorsqu'un corps isotrope est soumis à une pression uniforme sur toute sa surface, telle que celle d'un gaz, il est facile de vérifier que le corps se contractera en restant semblable à lui-même. Si l'on désigne par (α, β, γ) le centre de similitude et par (x', y', z') le point (x, y, z) après son déplacement, nous pourrons poser

$$x' - \alpha = k(x - \alpha), \quad y' - \beta = k(y - \beta), \quad z' - \gamma = k(z - \gamma),$$

k étant le rapport de similitude. Remplaçons x', y', z' par $x + u$, $y + v$, $z + w$, et nous aurons

$$u = -(1-k)(x-\alpha), \quad v = -(1-k)(y-\beta), \quad w = -(1-k)(z-\gamma)$$

ou, en remplaçant $1 - k$ par a et négligeant des parties constantes qui ne peuvent correspondre qu'à une translation du corps,

(α) $\qquad u = -ax, \qquad v = -ay, \qquad w = -az.$

Si l'on néglige les forces extérieures, qui se réduisent en général à la pesanteur, on reconnait que ces expressions satisfont aux équations (2).

D'après les formules (α), on peut former les composantes élastiques, et l'on trouve que les composantes tangentielles sont nulles et que les composantes normales sont toutes égales à $-(3\lambda + 2\mu)a$. Désignons par P la pression exercée à la surface du corps, et nous aurons

$$P = (3\lambda + 2\mu)a, \qquad a = \frac{P}{3\lambda + 2\mu},$$

en prenant la quantité P positive.

Appliquons ce problème au piézomètre d'Oersted. Il se compose d'un vase qui contient le liquide dont on veut mesurer la compressibilité; ce vase est muni d'une tige capillaire ouverte, un index d'un autre liquide termine le premier liquide. Cet appareil plonge dans un vase fermé, à fortes parois, rempli d'eau que l'on comprime en tournant une vis.

Le vase intérieur est ordinairement cylindrique; mais laissons sa forme entièrement arbitraire. Les formules précédentes peuvent être appliquées à ce vase, dans lequel nous n'avons pas à distinguer la surface intérieure de la surface extérieure, puisque le vase est ouvert et que la pression est la même sur les deux surfaces. En désignant par a la contraction linéaire, par $-\nu$ la contraction cubique de cette enveloppe, par λ, μ des coefficients qui se rapportent à sa substance, enfin par P la pression exercée par la compression de l'eau, nous aurons

$$a = \frac{P}{3\lambda + 2\mu}, \qquad -\nu = \frac{3P}{3\lambda + 2\mu}.$$

Ainsi le corps creux, qui contient le liquide à essayer, subit exactement la même contraction qu'un corps solide plein, de même matière et terminé par la même surface extérieure. Donc le déplacement de l'index dans le tube capillaire donnera la différence des compressibilités cubiques du liquide et du verre qui le contient.

Allongement d'un corps prismatique par la traction.

4. Supposons un corps prismatique dont la longueur est verticale. Mettons l'axe des z vertical et dirigé de haut en bas, et plaçons l'origine des coordonnées sur la base supérieure. Cette base est encastrée et l'extrémité inférieure tirée par un poids P.

On peut satisfaire au problème en posant

(3) $$u = -ax, \quad v = -ay, \quad w = cz.$$

En effet, en négligeant la pesanteur du prisme, ces expressions vérifieront les trois équations (2). On reconnaît aussi que les composantes tangentielles sont nulles et que les composantes normales ont pour valeurs

$$Y_2 = X_1 = (c - 2a)\lambda - 2a\mu,$$
$$Z_3 = (c - 2a)\lambda + 2c\mu.$$

Or, tout le long de la surface latérale, la force élastique est nulle; donc X_1 et Y_2 sont nuls, et, la traction exercée sur toute la base inférieure σ étant P, on a

$$Z_3 = \frac{P}{\sigma}.$$

On a donc ces deux équations

$$(c - 2a)\lambda - 2a\mu = 0, \quad (c - 2a)\lambda + 2c\mu = \frac{P}{\sigma},$$

et il en résulte

$$c = \frac{\lambda + \mu}{\mu(3\lambda + 2\mu)} \frac{P}{\sigma}, \quad a = \frac{\lambda}{2\mu(3\lambda + 2\mu)} \frac{P}{\sigma}.$$

Ainsi l'allongement longitudinal produit par la traction est accompagné d'une contraction transversale. On a ensuite, pour la dilatation cubique,

$$\vartheta = c - 2a = \frac{1}{3\lambda + 2\mu} \frac{P}{\sigma}.$$

On appelle *coefficient d'élasticité* le rapport du poids $\frac{P}{\sigma}$ à la dilatation linéaire c qu'il produit dans le fil. Ainsi l'on a, pour le coefficient d'élasticité,

$$E = \frac{P}{c\sigma} = \frac{\mu(3\lambda + 2\mu)}{\lambda + \mu}.$$

Si l'on suppose que les actions moléculaires proviennent de forces qui ne dépendent que des distances de molécule à molécule, on a $\lambda = \mu$, et les formules précédentes deviennent

$$c = \frac{2}{5\mu}\frac{P}{\sigma}, \qquad a = \frac{1}{10\mu}\frac{P}{\sigma}, \qquad \nu = \frac{1}{5\mu}\frac{P}{\sigma}.$$

Il en résulterait que la contraction transversale serait le quart de l'allongement longitudinal, et, l'unité de longueur du fil s'étant changée en $1+c$, le volume du prisme croîtrait dans le rapport de $1+\frac{c}{2}$ à l'unité.

5. Supposons ensuite, ce qui a lieu le plus souvent, que le prisme ne soit pas parfaitement isotrope, mais qu'il puisse être considéré comme ayant un axe d'isotropie parallèle à sa longueur. Nous pourrons encore adopter les formules (β). Les expressions des composantes élastiques sont (Chap. I, n° 24)

$$X_1 = A\partial_x + B\partial_y + C\partial_z, \qquad Y_3 = \mu g_{yz},$$
$$Y_2 = B\partial_x + A\partial_y + C\partial_z, \qquad Z_1 = \mu g_{zx},$$
$$Z_3 = C\partial_x + C\partial_y + D\partial_z, \qquad X_2 = \frac{A-B}{2} g_{xy}.$$

Les composantes tangentielles sont encore nulles, et, en exprimant que les forces élastiques sont nulles sur la surface latérale et que le prisme est tiré par le poids P, on a

$$-(A+B)a + Cc = 0, \qquad -2Ca + Dc = \frac{P}{\sigma}.$$

On en tire

$$a = -\frac{C}{(A+B)D - 2C^2}\frac{P}{\sigma}, \qquad c = \frac{A+B}{(A+B)D - 2C^2}\frac{P}{\sigma}.$$

En définissant le coefficient d'élasticité comme ci-dessus, on a

$$E = \frac{P}{c\sigma} = \frac{(A+B)D - 2C^2}{A+B},$$

et, comme la force élastique Z_1 est égale à $\frac{P}{\sigma}$, on obtient

$$Z_1 = E c.$$

Travail des forces élastiques dans un corps isotrope.

6. Nous avons vu (Chap. I, n° 19) que le travail élémentaire des forces élastiques développées à l'intérieur d'un corps solide a pour valeur

$$\delta \mathfrak{I} = -\int (X_1 \partial \lambda_x + Y_2 \partial \lambda_y + Z_3 \partial \lambda_z + Y_3 \partial g_{yz} + Z_1 \partial g_{zx} + X_2 \partial g_{xy}) d\varpi.$$

Supposons le corps isotrope et remplaçons les composantes élastiques par les valeurs données au n° 1; nous aurons

$$\delta \mathfrak{I} = -\int [\mu(2\lambda_x \partial \lambda_x + 2\lambda_y \partial \lambda_y + 2\lambda_z \partial \lambda_z + g_{yz} \partial g_{yz} + g_{zx} \partial g_{zx} + g_{xy} \partial g_{xy}) \\ + \lambda(\lambda_x + \lambda_y + \lambda_z) \partial(\lambda_x + \lambda_y + \lambda_z)] d\varpi.$$

En intégrant depuis des valeurs nulles des déformations jusqu'aux valeurs qu'elles obtiennent à l'instant considéré, on obtient

$$\mathfrak{I} = -\mu \int \left[\lambda_x^2 + \lambda_y^2 + \lambda_z^2 + \frac{1}{2} g_{yz}^2 + \frac{1}{2} g_{zx}^2 + \frac{1}{2} g_{xy}^2 + \frac{\lambda}{2\mu}(\lambda_x + \lambda_y + \lambda_z)^2 \right] d\varpi$$

pour le travail produit par l'entière déformation.

Au lieu des dilatations λ et des glissements g, on peut introduire dans $\mathfrak{I}$ les composantes des forces élastiques, et l'on obtiendra ainsi une formule du travail donnée autrefois par Clapeyron. Substituons les expressions

$$\lambda_x = \frac{X_1 - \lambda\upsilon}{2\mu}, \quad \lambda_y = \frac{Y_2 - \lambda\upsilon}{2\mu}, \quad \lambda_z = \frac{Z_3 - \lambda\upsilon}{2\mu}, \quad \upsilon = \frac{X_1 + Y_2 + Z_3}{3\lambda + 2\mu},$$

$$g_{yz} = \frac{Y_3}{\mu}, \quad g_{zx} = \frac{Z_1}{\mu}, \quad g_{yx} = \frac{X_2}{\mu},$$

et nous aurons
$$\mathfrak{J} = -\int L \, d\varpi,$$
en faisant
$$L = \frac{\lambda + \mu}{2\mu(3\lambda + 2\mu)}(X_1 + Y_2 + Z_3)^2 - \frac{1}{2\mu}(X_1 Y_2 + Y_2 Z_3 + Z_3 X_1 - Y_3^2 - Z_1^2 - X_2^2).$$

Si nous posons ensuite
$$X_1 + Y_2 + Z_3 = \mathcal{A}, \qquad X_1 Y_2 + Y_2 Z_3 + Z_3 X_1 - Y_3^2 - Z_1^2 - X_2^2 = \varpi,$$

ou, en adoptant les notations indiquées (Chap. I, n° 5),
$$N_1 + N_2 + N_3 = \mathcal{A}, \qquad N_1 N_2 + N_2 N_3 + N_3 N_1 - T_1^2 - T_2^2 - T_3^2 = \varpi,$$

les quantités $-\mathcal{A}$ et ϖ sont les coefficients des deuxième et troisième termes de l'équation qui donne les forces élastiques principales A, B, C (Chap. I, n° 11).

Introduisons aussi le coefficient d'élasticité E, et l'expression de $\mathfrak{J}$ pourra s'écrire
$$\mathfrak{J} = -\int \left(\frac{1}{2E}\mathcal{A}^2 - \frac{1}{2\mu}\varpi\right) d\varpi$$
ou
$$\mathfrak{J} = -\int \left[\frac{1}{2E}(A + B + C)^2 - \frac{1}{2\mu}(AB + BC + AC)\right] d\varpi.$$

Dans le cas du n° 4, où deux des forces élastiques principales B et C sont nulles, tandis que la troisième A est constante, on a
$$\mathfrak{J} = -\frac{1}{2E} A^2 V,$$
V étant le volume du corps.

Si le corps est également comprimé dans tous les sens par une pression P, on posera
$$A = B = C = -P,$$
et l'on aura
$$\mathfrak{J} = -\frac{3}{2(3\lambda + 2\mu)} P^2 V.$$

Sphère creuse soumise à une pression intérieure et à une pression extérieure.

7. Cherchons l'équilibre d'élasticité d'une sphère creuse sollicitée à l'intérieur et à l'extérieur par deux pressions distinctes, mais qui restent les mêmes sur chacune des sphères concentriques qui limitent le corps.

Si nous négligeons l'action de la pesanteur, le corps restera semblable à ce qu'il était avant l'action de ces pressions. Mettons l'origine au centre de la sphère et les déplacements des points du corps peuvent être représentés par

$$u = \rho x, \quad v = \rho y, \quad w = \rho z,$$

ρ étant une fonction qui ne dépend que de la distance r au centre de la sphère ; puis on a, pour la dilatation cubique,

$$\vartheta = 3\rho + r\frac{d\rho}{dr}.$$

De ces expressions on déduit, pour les composantes des forces élastiques,

$$X_1 = (3\lambda + 2\mu)\rho + \frac{2\mu x^2 + \lambda r^2}{r}\frac{d\rho}{dr},$$

$$Y_2 = (3\lambda + 2\mu)\rho + \frac{2\mu y^2 + \lambda r^2}{r}\frac{d\rho}{dr},$$

$$Z_3 = (3\lambda + 2\mu)\rho + \frac{2\mu z^2 + \lambda r^2}{r}\frac{d\rho}{dr},$$

$$X_2 = 2\mu\frac{xy}{r}\frac{d\rho}{dr}, \quad Y_3 = 2\mu\frac{yz}{r}\frac{d\rho}{dr}, \quad Z_1 = 2\mu\frac{zx}{r}\frac{d\rho}{dr}.$$

Transformons les équations de l'élasticité

$$(a) \qquad (\mu + \lambda)\frac{d\vartheta}{dx} + \mu\Delta u = 0, \quad \ldots$$

CORPS ISOTROPES.   55

D'après la valeur ci-dessus de v, on a

(b) $$\frac{dv}{dx} = \left(r \frac{d^2\rho}{dr^2} + 4 \frac{d\rho}{dr} \right) \frac{x}{r}.$$

D'autre part, d'après l'expression de u, on a

$$\frac{du}{dx} = \frac{d\rho}{dr} \frac{x^2}{r} + \rho, \qquad \frac{du}{dy} = \frac{d\rho}{dr} \frac{xy}{r}, \qquad \frac{du}{dz} = \frac{d\rho}{dr} \frac{xz}{r}$$

et ensuite

$$\frac{d^2u}{dx^2} = \frac{d^2\rho}{dr^2} \frac{x^3}{r^2} + \frac{d\rho}{dr} \left(\frac{3x}{r} - \frac{x^3}{r^3} \right),$$

$$\frac{d^2u}{dy^2} = \frac{d^2\rho}{dr^2} \frac{y^2 x}{r^2} + \frac{d\rho}{dr} \left(\frac{x}{r} - \frac{xy^2}{r^3} \right),$$

$$\frac{d^2u}{dz^2} = \frac{d^2\rho}{dr^2} \frac{z^2 x}{r^2} + \frac{d\rho}{dr} \left(\frac{x}{r} - \frac{xz^2}{r^3} \right).$$

En ajoutant ces trois expressions, on a

(c) $$\Delta u = \left(r \frac{d^2\rho}{dr^2} + 4 \frac{d\rho}{dr} \right) \frac{x}{r}.$$

Substituons (b) et (c) dans (a), et nous obtenons

$$r \frac{d^2\rho}{dr^2} + 4 \frac{d\rho}{dr} = 0.$$

En intégrant, on a
$$\rho = C + \frac{C'}{r^3},$$

où C et C' sont des constantes.

Représentons ensuite par p et P des quantités positives qui expriment les pressions intérieure et extérieure; nous aurons, pour condition à la surface extérieure $r = b$ (Chap. I, n° 6),

$$-P \frac{x}{r} = X_1 \frac{x}{r} + X_2 \frac{y}{r} + X_3 \frac{z}{r},$$

et, en remplaçant les forces élastiques par leurs valeurs et divisant par

$\frac{x}{r}$, nous obtiendrons

$$-\mathrm{P} = (3\lambda + 2\mu)\wp_b + (\lambda + 2\mu)b\left(\frac{d\wp}{dr}\right)_b,$$

où l'indice b indique qu'on fait $r = b$. A la surface intérieure, la normale extérieure a une position directement contraire à celle qu'elle a à la surface extérieure, et l'on trouve, de même,

$$-p = (3\lambda + 2\mu)\wp_a + (\lambda + 2\mu)a\left(\frac{d\wp}{dr}\right)_a.$$

En remplaçant $\wp$ par sa valeur, nous obtenons ces deux équations pour déterminer C et C'

$$-\mathrm{P} = (3\lambda + 2\mu)\mathrm{C} - 4\mu\mathrm{C}'b^{-3},$$
$$-p = (3\lambda + 2\mu)\mathrm{C} - 4\mu\mathrm{C}'a^{-3}.$$

On en conclut

$$\mathrm{C} = \frac{pa^3 - \mathrm{P}b^3}{(3\lambda + 2\mu)(b^3 - a^3)}, \qquad \mathrm{C}' = \frac{p - \mathrm{P}}{4\mu} \cdot \frac{a^3 b^3}{b^3 - a^3},$$

et la dilatation cubique υ est égale à la constante $3\mathrm{C}$.

Dans le cas d'une sphère pleine, $\wp$ devant être fini pour $r = 0$ se réduit à C, et l'on obtient

$$\mathrm{C} = \frac{-\mathrm{P}}{3\lambda + 2\mu}$$

par la condition relative à la surface $r = b$. Au reste, ce cas particulier rentre dans le problème du n° 3.

8. Occupons-nous ensuite des forces élastiques développées dans le corps creux. Menons l'axe des x par le point que l'on veut considérer, et calculons les forces élastiques exercées en ce point sur un plan perpendiculaire au rayon et sur un plan quelconque passant par ce rayon, qu'on peut prendre pour plan des zx.

Dans les expressions des forces élastiques, nous devons faire $y = 0$, $z = 0$, $x = r$. Les composantes tangentielles sont nulles et les forces élastiques principales seront

$$X_1 = (2\mu + 3\lambda)C - 4\mu \frac{C'}{r^3} = \frac{pa^3 - Pb^3}{b^3 - a^3} - \frac{p - P}{r^3} \frac{a^3 b^3}{b^3 - a^3},$$

$$Y_2 = Z_3 = (2\mu + 3\lambda)C + 2\mu C' \frac{1}{r^3} = \frac{pa^3 - Pb^3}{b^3 - a^3} + \frac{p - P}{2r^3} \frac{a^3 b^3}{b^3 - a^3}.$$

Si nous supposons P négligeable devant p, nous aurons ces formules plus simples

$$X_1 = -p \frac{a^3(b^3 - r^3)}{r^3(b^3 - a^3)}, \qquad Y_2 = Z_3 = p \frac{a^3(2r^3 + b^3)}{2r^3(b^3 - a^3)}.$$

D'après ces valeurs, X_1 varie entre o et $-p$, et, si l'épaisseur de la sphère creuse est très petite, Y_2 au contraire sera beaucoup plus grand que p.

Cherchons ensuite les dilatations linéaires. Nous avons

$$\frac{du}{dx} = \rho + x \frac{d\rho}{dx}, \qquad \frac{dv}{dy} = \rho + y \frac{d\rho}{dy},$$

et en faisant $y = 0$, $z = 0$, nous aurons, pour les dilatations linéaires suivant le rayon et perpendiculairement au rayon,

$$\rho + r \frac{d\rho}{dr} = C - 2 \frac{C'}{r^3}, \qquad \rho = C + \frac{C'}{r^3}.$$

Équilibre d'élasticité d'un cylindre creux.

9. On a une enveloppe cylindrique de révolution et dont les parois sont sollicitées à l'intérieur par la pression p et à l'extérieur par la pression P. Ce cylindre est fermé à ses deux extrémités par deux plaques planes très épaisses dont on néglige l'élasticité.

Plaçons l'axe des z suivant l'axe du cylindre et l'origine des coordonnées au milieu de cet axe. Posons

$$r = \sqrt{x^2 + y^2},$$

$$w = f(z), \qquad u = \rho x, \qquad v = \rho y.$$

58   CHAPITRE II.

en regardant ρ comme fonction de r seulement. Nous aurons

$$\gamma = \frac{du}{dx} + \frac{dv}{dy} + \frac{dw}{dz} = \frac{dw}{dz} + r\frac{d\rho}{dr} + 2\rho.$$

Formons les équations (2) du n° 1, en négligeant la pesanteur

(α) $\qquad\qquad \mu\Delta u + (\mu + \lambda)\frac{d\gamma}{dx} = 0, \quad \ldots$

Nous trouverons

$$\frac{d\gamma}{dx} = x\left(\frac{d^2\rho}{dr^2} + \frac{3}{r}\frac{d\rho}{dr}\right), \quad \frac{d\gamma}{dy} = y\left(\frac{d^2\rho}{dr^2} + \frac{3}{r}\frac{d\rho}{dr}\right), \quad \frac{d\gamma}{dz} = \frac{d^2w}{dz^2},$$

$$\Delta u = x\left(\frac{d^2\rho}{dr^2} + \frac{3}{r}\frac{d\rho}{dr}\right), \quad \Delta v = y\left(\frac{d^2\rho}{dr^2} + \frac{3}{r}\frac{d\rho}{dr}\right), \quad \Delta w = \frac{d^2w}{dz^2},$$

et, en substituant dans les équations (α), on obtient

$$\frac{d^2w}{dz^2} = 0, \qquad \frac{d^2\rho}{dr^2} + \frac{3}{r}\frac{d\rho}{dr} = 0.$$

Comme w est nul pour $z = 0$, on en conclut

$$w = kz, \qquad \rho = C + \frac{C'}{r^2}.$$

On obtient ensuite, pour les forces élastiques,

$$X_1 = \lambda\frac{dw}{dz} + 2(\mu + \lambda)\rho + \frac{2\mu x^2 + \lambda r^2}{r}\frac{d\rho}{dr},$$

$$Y_1 = \lambda\frac{dw}{dz} + 2(\mu + \lambda)\rho + \frac{2\mu y^2 + \lambda r^2}{r}\frac{d\rho}{dr},$$

$$Z_3 = (2\mu + \lambda)\frac{dw}{dz} + \lambda\left(r\frac{d\rho}{dr} + 2\rho\right);$$

$$X_2 = 2\mu\frac{xy}{r}\frac{d\rho}{dr}, \qquad Y_3 = 0, \qquad Z_1 = 0$$

ou

(3) $\begin{cases} X_1 = \lambda k + 2(\mu + \lambda)C + 4\mu\left(1 - \frac{2x^2}{r^2}\right)\frac{C'}{r^2}, \\ Y_1 = \lambda k + 2(\mu + \lambda)C + 4\mu\left(1 - \frac{2y^2}{r^2}\right)\frac{C'}{r^2}, \\ Z_3 = (\lambda + 2\mu)k + 2\lambda C; \\ X_2 = -4\mu\frac{xy}{r^4}C', \qquad Y_3 = 0, \qquad Z_1 = 0. \end{cases}$

La dilatation cubique est constante, et l'on a

$$v = k + 2C.$$

En exprimant les conditions relatives aux surfaces intérieure et extérieure du cylindre, correspondant à $r = a$ et $r = b$, nous aurons

$$\left. \begin{aligned} -p\frac{x}{r} &= X_1 \frac{x}{r} + X_2 \frac{y}{r} \\ -p\frac{y}{r} &= X_2 \frac{y}{r} + Y_2 \frac{y}{r} \end{aligned} \right\} \text{ pour } r = a,$$

$$\left. \begin{aligned} -P\frac{x}{r} &= X_1 \frac{x}{r} + X_2 \frac{y}{r} \\ -P\frac{y}{r} &= X_2 \frac{y}{r} + Y_2 \frac{y}{r} \end{aligned} \right\} \text{ pour } r = b,$$

et il en résulte les deux équations suivantes :

$$(1) \qquad -p = \lambda k + 2(\mu + \lambda)C - 2\mu \frac{C'}{a^2},$$

$$(2) \qquad -P = \lambda k + 2(\mu + \lambda)C - 2\mu \frac{C'}{b^2}.$$

La partie cylindrique éprouve une traction F suivant l'axe, résultant des pressions intérieure et extérieure, qui s'exercent sur les fonds, et l'on a

$$(\gamma) \qquad F\pi(b^2 - a^2) = p\pi a^2 - P\pi b^2,$$

équation qui détermine F. La pression p étant supposée notablement plus grande que P, F est positif.

Enfin, sur les sections finales de l'enveloppe cylindrique ou pour $z = \pm l$, on doit avoir les conditions

$$Z_3 = F, \qquad Z_1 = 0, \qquad Z_2 = 0,$$

dont les deux dernières sont déjà satisfaites. Il en résulte cette nouvelle condition

$$(3) \qquad (\lambda + 2\mu)k + 2\lambda C = F.$$

Les équations (1), (2), (3) déterminent les constantes k, C, C'. On trouve ainsi, en remplaçant F d'après (γ),

$$C' = \frac{p-P}{2\mu}\frac{a^2b^2}{b^2-a^2},$$

$$k = \frac{1}{3\lambda+2\mu}\frac{pa^2-Pb^2}{b^2-a^2}, \quad C = \frac{1}{3\lambda+2\mu}\frac{pa^2-Pb^2}{b^2-a^2}.$$

10. Cherchons les forces élastiques principales à l'intérieur de l'enveloppe cylindrique (Chap. I, n° 9). Ces forces ne varient pas avec z. Menons l'axe des x dans la section moyenne sur le point que nous voulons considérer. Nous devrons faire, dans les formules (3), $y = 0$, $z = 0$, $x = r$, et nous aurons

$$X_1 = \lambda k + 2(\mu+\lambda)C - 2\mu\frac{C'}{r^2},$$

$$Y_2 = \lambda k + 2(\mu+\lambda)C + 2\mu\frac{C'}{r^2},$$

$$Z_3 = (\lambda+2\mu)k + 2\lambda C;$$

$$X_2 = 0, \quad Y_3 = 0, \quad Z_1 = 0.$$

On obtient ainsi les forces élastiques principales, et elles agissent respectivement sur un plan perpendiculaire au rayon, sur un méridien et sur une section droite.

La seconde force est plus grande que la première; sa valeur maximum, qui a lieu pour $r = a$, est

$$\lambda k + 2(\mu+\lambda)C + 2\mu\frac{C'}{a^2} = \frac{pa^2-Pb^2+b^2(p-P)}{b^2-a^2}.$$

Si l'on donne à cette expression la valeur limite Π, qu'on ne veut pas dépasser pour la traction, afin d'éviter une déformation permanente, on aura

$$\frac{pa^2-Pb^2+b^2(p-P)}{b^2-a^2} = \Pi,$$

et, par suite, on obtiendra

$$\frac{b}{a} = \sqrt{\frac{p+\Pi}{2P-p+\Pi}} = \frac{1}{\sqrt{1-2\frac{p-P}{p+\Pi}}}$$

pour la plus petite valeur que l'on puisse donner au rapport $\frac{b}{a}$. Posons
$$b = a(1+\varepsilon),$$
et si $\frac{p-P}{p+\Pi}$ est très petit, ce qui a lieu ordinairement, on aura
$$\varepsilon = \frac{p-P}{p+\Pi}.$$

Ces formules ont été données par Lamé.

Mais c'est plutôt aux dilatations linéaires qu'aux forces élastiques qu'il ne faut pas faire dépasser certaines limites, pour empêcher les déformations permanentes et les ruptures. Les expressions des dilatations linéaires sont
$$\frac{du}{dx} = \rho + \frac{x^2}{r}\frac{d\rho}{dr}, \qquad \frac{dv}{dy} = \rho + \frac{y^2}{r}\frac{d\rho}{dr}, \qquad \frac{dw}{dz} = k.$$

Nous obtiendrons les dilatations principales comme les forces élastiques principales, en faisant $y = 0$, $z = 0$, $x = r$, et nous aurons
$$\frac{du}{dx} = \rho + r\frac{d\rho}{dr}, \qquad \frac{dv}{dy} = \rho, \qquad \frac{dw}{dz} = k$$
ou
$$\frac{du}{dx} = C - \frac{C'}{r^2}, \qquad \frac{dv}{dy} = C + \frac{C'}{r^2}, \qquad \frac{dw}{dz} = k.$$

Ces dilatations sont dirigées respectivement suivant le rayon, perpendiculairement au méridien et parallèlement à l'axe du cylindre.

La plus grande dilatation perpendiculaire au méridien est $C + \frac{C'}{a^2}$, et, si aucune dilatation ne doit dépasser une limite h, pour qu'il n'y ait pas détérioration, on devra poser
$$C + \frac{C'}{a^2} < h;$$
on en conclut
$$\frac{b}{a} > \sqrt{\frac{2\mu[p+(3\lambda+2\mu)h]}{(3\lambda+4\mu)P+(3\lambda+2\mu)(2\mu h-p)}},$$
et l'on en déduit la plus petite épaisseur qu'on puisse donner à l'enveloppe cylindrique.

Sur la détermination du rapport $\dfrac{\lambda}{\mu}$.

11. La détermination exacte du rapport $\dfrac{\lambda}{\mu}$ présente de grandes difficultés, qui avaient été remarquées par Kirchhoff en 1856. Au commencement du Chapitre I, nous avons admis qu'un corps solide élastique revient à sa première forme après une déformation très petite. Or cela n'est pas exact d'une manière absolue et ne peut être admis qu'autant que le corps a été déjà soumis à des forces qui ont modifié l'état élastique du corps. Autrement, le corps subit une déformation permanente. Mais, d'autre part, si le corps, avant d'avoir été soumis à des forces, pouvait être considéré comme isotrope, il ne sera plus isotrope après la modification de son état élastique. C'est ce qui a lieu certainement pour des fils métalliques auxquels on a fait porter des poids, lors même qu'on aurait pu les considérer comme isotropes avant qu'ils aient été soumis à cette opération.

Un grand nombre de physiciens se sont occupés de la recherche très importante du rapport $\dfrac{\lambda}{\mu}$ dans différents corps élastiques isotropes, rapport auquel on peut substituer celui de la contraction linéaire à la dilatation longitudinale d'une tige tirée suivant sa longueur, et lequel est représenté (n° 4) par

$$G = \frac{1}{2} \frac{\lambda}{\mu + \lambda};$$

il serait égal à $\frac{1}{4}$ d'après Poisson.

Les formules de ce Chapitre peuvent suffire à la détermination de cette quantité par l'expérience. Néanmoins, les physiciens ont préféré, en général, se servir des formules de la flexion et de la torsion. De ces recherches, il résulte que le rapport G n'est pas un nombre constant, qu'il est quelquefois très voisin de $\frac{1}{4}$, mais plus souvent, et en particulier pour les métaux, notablement supérieur à $\frac{1}{4}$. Ainsi, pour les métaux, λ est en général beaucoup plus grand que μ.

CHAPITRE III.

TORSION ET FLEXION DES PRISMES OU CYLINDRES.

La théorie mathématique de l'élasticité a été appliquée à la détermination de la torsion et de la flexion des cylindres d'abord par Poisson et Cauchy; mais cette recherche a été ensuite complètement modifiée par de Saint-Venant.

Commençons par nous occuper de la torsion des cylindres les plus simples.

Torsion d'une tige circulaire ou elliptique.

1. Supposons qu'on torde une tige circulaire autour de son axe. Nous allons voir qu'on peut admettre que toutes les molécules situées dans un même plan perpendiculaire à l'axe y restent après la torsion, et qu'elles décrivent des arcs de cercle autour de cet axe. Prenons pour l'axe des z l'axe de la tige et pour origine des coordonnées l'extrémité de cet axe située sur la base que l'on a fixée.

La torsion se faisant de l'axe des x vers l'axe des y et étant regardée comme très petite, nous pouvons poser

(1) $$u = -\omega y, \quad v = \omega x, \quad w = 0.$$

ω étant un angle variable avec z. Substituons dans les équations (2) de l'élasticité (Chap. II, n° 1), en négligeant l'action de la pesanteur, et nous trouvons

$$\frac{d^2\omega}{dz^2} = 0;$$

puis, comme ω est nul pour $z = 0$, nous obtenons

(2) $$\omega = Bz,$$

B étant une constante. Nous obtenons ainsi

(3) $\quad u = -Byz, \quad v = Bxz, \quad w = 0.$

Désignons les forces élastiques, comme nous avons dit (Chap. I, n° 5), en employant la lettre N pour les composantes normales et la lettre T pour les composantes tangentielles, et nous aurons, d'après les expressions de ces composantes (Chap. II, n° 1),

(4) $\quad N_1 = N_2 = N_3 = 0, \quad T_1 = \mu Bx, \quad T_2 = -\mu By, \quad T_3 = 0.$

La force élastique doit être nulle sur la surface latérale du cylindre; mais cette propriété est satisfaite d'elle-même d'après les équations

$$N_1 = 0, \quad N_2 = 0, \quad T_3 = 0, \quad T_2 x + T_1 y = 0.$$

Quant à la force qui agit en chaque point de la base, elle a pour composantes

$$X = -\mu By, \quad Y = \mu Bx, \quad Z = 0;$$

elle est donc tangentielle. La somme des moments de toutes ces forces autour de l'axe des z est

$$\int (Yx - Xy)\,dx\,dy = \mu B \int_0^R r^3\,dr \int_0^{2\pi} d\theta = \frac{\pi}{2}\mu BR^4,$$

R étant le rayon de la tige. Ainsi, l'effet de ces forces est celui d'un couple dont l'axe est dirigé suivant l'axe des z et dont le moment est $\frac{\pi}{2}\mu BR^4$. Désignons par α l'angle dont la base mobile a tourné par rapport à la base fixe; nous aurons, d'après (2),

$$\alpha = Bl, \quad \text{d'où} \quad B = \frac{\alpha}{l}.$$

On satisfera donc à toutes les circonstances précédentes en appliquant à l'extrémité libre de la tige un couple dont l'axe soit dirigé suivant l'axe de la tige et dont le moment ait pour grandeur

$$\frac{\pi}{2}\mu\frac{\alpha}{l}R^4.$$

Ce calcul a été donné pour la première fois par Lamé et Clapeyron;

mais le résultat avait été reconnu bien auparavant au moyen de l'expérience.

Sur cette solution nous devons faire deux remarques. La première, c'est que le mode de distribution que nous avons obtenu pour les forces appliquées sur la base libre n'a jamais lieu en réalité. En général, une extrémité est fixe et encastrée, et l'autre extrémité subit une torsion par l'application de forces produisant un couple et exercées à l'extrémité de la surface latérale du cylindre. Mais, si la longueur de la tige est grande par rapport à son diamètre, pourvu que l'on excepte le voisinage des extrémités, l'état de la tige sera à très peu près ce que nous venons de trouver.

Une autre remarque à faire : c'est que, si la tige est très longue, l'angle α pourra n'être pas très petit et que les déplacements des points de la base mobile pourront être trop grands pour qu'on puisse y appliquer les équations de la théorie de l'élasticité qui les suppose extrêmement petits. Mais on peut alors diviser la tige en un certain nombre n de parties égales assez petites pour que les déplacements relatifs restent très petits dans chaque partie et qu'on puisse y appliquer l'analyse précédente. Ainsi, dans chacune de ces parties, les forces élastiques seront données par les formules (4), et par suite le moment de torsion sera $\frac{\pi}{2}\mu B R^4$. Alors, dans la formule qui donne B, nous devrons remplacer l par $\frac{l}{n}$ et α par $\frac{\alpha}{n}$, et, par suite, l'expression de B restera la même. La solution n'est donc pas changée.

Les mêmes remarques sont applicables aux torsions des corps que nous allons examiner.

2. Occupons-nous ensuite de la torsion d'une tige dont la section est une ellipse

$$\frac{x^2}{a^2} + \frac{y^2}{b^2} = 1.$$

Nous adopterons encore les deux premières équations (3) pour les projections du déplacement sur les axes des x et des y; mais nous ne pourrons plus supposer w nul, et nous poserons

(5) \qquad $u = -B y z, \qquad v = B x z, \qquad w = \varphi(x, y).$

M. — *Élast.*

Substituons ces expressions dans les équations de l'élasticité, et nous trouverons qu'on peut effectivement y satisfaire en posant

(6) $$\frac{d^2w}{dx^2} + \frac{d^2w}{dy^2} = 0.$$

D'autre part, les expressions des forces élastiques deviennent

$$N_1 = N_2 = N_3 = 0,$$

$$T_1 = \mu\left(By + \frac{dw}{dy}\right), \quad T_2 = \mu\left(-Bx + \frac{dw}{dx}\right), \quad T_3 = 0,$$

et la force élastique, qui agit sur un plan parallèle à l'axe des z, aura, en général, pour composantes

$$X = 0, \quad Y = 0, \quad Z = T_2 \cos\alpha + T_1 \cos\beta$$

(Chap. I, n° 6), en désignant par α, β les angles de la normale au plan avec les axes des x et des y.

La force Z doit être nulle sur la surface du cylindre; ce qui donne, sur cette surface,

$$\left(-By + \frac{dw}{dx}\right)\frac{x}{a^2} + \left(Bx + \frac{dw}{dy}\right)\frac{y}{b^2} = 0$$

ou

(7) $$\frac{x}{a^2}\frac{dw}{dx} + \frac{y}{b^2}\frac{dw}{dy} + B\left(\frac{1}{b^2} - \frac{1}{a^2}\right)xy = 0.$$

Pour satisfaire à l'équation (6) et à la condition (7), posons

$$w = Hxy,$$

et nous en conclurons

$$H = \frac{b^2 - a^2}{b^2 + a^2} B.$$

Quant à la force qui agit en chaque point de la base du cylindre, elle a pour composantes

$$X = T_2 = -2\mu B \frac{a^2}{a^2 + b^2} y,$$

$$Y = T_1 = 2\mu B \frac{b^2}{a^2 + b^2} x,$$

TORSION ET FLEXION DES PRISMES OU CYLINDRES.   67

et nous aurons, pour la somme des moments de toutes ces forces,

$$\int\int (Y x - X y) \, dx \, dy = \frac{3\mu B}{a^2 + b^2} \int\int (b^2 x^2 + a^2 y^2) \, dx \, dy;$$

pour faire cette double intégration, changeons les variables en posant

$$x = a\rho \cos\theta, \qquad y = b\rho \sin\theta,$$

et faisant varier ρ de 0 à 1 et θ de 0 à 2π. Nous trouverons ainsi pour la somme de ces moments

$$\pi \mu B \frac{a^3 b^3}{a^2 + b^2}.$$

Désignons encore par l la longueur de la tige. D'après les formules (5), Bz est l'angle dont tournent les points de la section qui a z pour coordonnée. Si donc la base mobile tourne de l'angle α par rapport à la base fixe, B est encore égal à $\frac{\alpha}{l}$, et l'on voit que le couple propre à produire la torsion précédente et appliqué à l'extrémité $z = l$, a pour moment

$$\pi \mu \frac{\alpha}{l} \frac{a^3 b^3}{a^2 + b^2}.$$

Si, au lieu d'une tige pleine, on a un corps creux compris entre deux cylindres de même axe et homothétiques, on peut encore obtenir la torsion de ce corps par le calcul précédent.

En effet, toutes les surfaces homothétiques de la surface extérieure de la tige, d'après l'équation (7), ne sont sollicitées par aucune force élastique. Donc, si l'on considère le corps compris entre une de ces surfaces et la surface extérieure de la tige, on peut lui appliquer les formules précédentes, et le couple à appliquer à l'extrémité du corps creux sera

$$\pi \mu \frac{\alpha}{l} \left(\frac{a^3 b^3}{a^2 + b^2} - \frac{a'^3 b'^3}{a'^2 + b'^2} \right).$$

a', b' étant les demi-axes de la surface cylindrique intérieure.

La formule

$$w = -\frac{a^2 - b^2}{a^2 + b^2} B x y$$

prouve que la section droite se gauchit par la torsion et se change en un paraboloïde hyperbolique. La section s'abaisse dans l'angle des coordonnées positives et dans l'angle opposé par le sommet; elle s'élève dans les deux autres angles.

Torsion d'un prisme à base rectangle.

3. Examinons ensuite la torsion d'un prisme à base rectangle. Les faces latérales ont pour équations

$$x = \pm \frac{a}{2}, \qquad y = \pm \frac{b}{2}.$$

Posons encore

$$u = -\mathrm{B}yz, \qquad v = \mathrm{B}xz, \qquad w = \varphi(x, y),$$

et nous avons l'équation

(a) $$\frac{d^2w}{dx^2} + \frac{d^2w}{dy^2} = 0.$$

La force élastique doit être nulle sur la surface latérale du prisme; elle se réduit à $\pm T_2$ pour $x = \pm \frac{a}{2}$ et à $\pm T_1$ pour $y = \pm \frac{b}{2}$; nous obtenons donc ces deux conditions

(b) $$\frac{dw}{dx} = \mathrm{B}y \quad \text{pour} \quad x = \pm \frac{a}{2},$$

(c) $$\frac{dw}{dy} = -\mathrm{B}x \quad \text{''} \quad y = \pm \frac{b}{2}.$$

Nous aurons une solution de l'équation (a) en posant

$$w = (\mathrm{A}e^{mx} + \mathrm{C}e^{-mx})\sin my,$$

et la dérivée par rapport à y sera nulle pour $y = \pm \frac{b}{2}$, si l'on fait

(d) $$m = \frac{(2k+1)\pi}{b},$$

en désignant par k un nombre entier. Nous satisferons donc à l'équation (a) et aux deux conditions (c), en posant

$$w = -\mathrm{B}xy + \sum_k (\mathrm{A}_k e^{mz} + \mathrm{C}_k e^{-mz}) \sin m y,$$

et étendant le signe sommatoire $\sum$ à toutes les valeurs entières et positives de k.

Il reste ensuite à déterminer les coefficients A et C par les deux conditions (b); ce qui donne

$$-\mathrm{B} y + \sum m \left(\mathrm{A} e^{\frac{ma}{2}} - \mathrm{C} e^{-\frac{ma}{2}}\right) \sin m y = \mathrm{B} y,$$

$$-\mathrm{B} y + \sum m \left(\mathrm{A} e^{-\frac{ma}{2}} - \mathrm{C} e^{\frac{ma}{2}}\right) \sin m y = \mathrm{B} y,$$

et il en résulte

$$\mathrm{C} = -\mathrm{A},$$

$$\sum m \mathrm{A}_k \cosh\left(\frac{ma}{2}\right) \sin m y = \mathrm{B} y.$$

Pour une valeur de m comprise dans la formule (d), multiplions les deux membres par $\sin m y\, dy$ et intégrons depuis $y = -\frac{b}{2}$ jusqu'à $y = \frac{b}{2}$, et nous aurons

$$m \mathrm{A}_k \cosh\left(\frac{ma}{2}\right) \int_{-\frac{b}{2}}^{\frac{b}{2}} \sin^2 m y\, dy = \mathrm{B} \int_{-\frac{b}{2}}^{\frac{b}{2}} y \sin m y\, dy,$$

tous les termes se détruisant, sauf le terme en $\sin m y$, comme on le voit facilement. On a ensuite

$$\int_{-\frac{b}{2}}^{\frac{b}{2}} \sin^2 m y\, dy = \frac{b}{2}, \qquad \int_{-\frac{b}{2}}^{\frac{b}{2}} y \sin m y\, dy = \frac{2}{m^2}(-1)^k,$$

et l'équation précédente devient

$$\mathrm{A}_k = \frac{4\mathrm{B}}{b}\frac{(-1)^k}{m^3 \cosh\left(\frac{ma}{2}\right)}.$$

On en conclut, pour l'expression de w,

$$(e) \quad w = -\mathrm{B}xy + \frac{8\mathrm{B}b^2}{\pi^3} \sum_k \frac{(-1)^k}{(2k+1)^3} \frac{\sinh(mx)}{\cosh\left(\frac{ma}{2}\right)} \sin my.$$

En permutant x avec y, a avec b et changeant B et $-$B, on peut mettre w sous cette autre forme

$$w = \mathrm{B}xy - \frac{8\mathrm{B}a^2}{\pi^3} \sum \frac{(-1)^k}{(2k+1)^3} \frac{\sinh\left[\frac{(2k+1)\pi}{a}y\right]}{\cosh\left[\frac{(2k+1)\pi b}{2a}\right]} \sin\frac{(2k+1)\pi x}{a}.$$

4. Calculons le moment de torsion. Désignons-le par $\mathfrak{K}$, et nous aurons

$$\mathfrak{K} = \int\int (\mathrm{T}_1 x - \mathrm{T}_2 y)\, dx\, dy,$$

l'intégrale étant étendue à tous les éléments de la base. Représentons, pour abréger, la formule (e) par

$$w = -\mathrm{B}xy + \mathrm{P},$$

et nous aurons

$$\mathrm{T}_2 = \mu\left(\frac{dw}{dx} - \mathrm{B}y\right) = \mu\left(\frac{d\mathrm{P}}{dx} - 2\mathrm{B}y\right),$$

$$\mathrm{T}_1 = \mu\left(\frac{dw}{dy} - \mathrm{B}x\right) = \mu\frac{d\mathrm{P}}{dy};$$

par suite

$$\mathfrak{K} = \mu\mathrm{B}\frac{ab^3}{6} - \mu\int\int\left(\frac{d\mathrm{P}}{dx}y - \frac{d\mathrm{P}}{dy}x\right)dx\,dy.$$

Calculons les deux intégrales de cette dernière formule

$$\int\int y\frac{d\mathrm{P}}{dx}dx\,dy = \frac{8\mathrm{B}b^2}{\pi^3}\sum\frac{(-1)^k}{(2k+1)^3}\frac{m}{\cosh\left(\frac{ma}{2}\right)}\int_{-\frac{a}{2}}^{\frac{a}{2}}\cosh mx\,dx\int_{-\frac{b}{2}}^{\frac{b}{2}}y\sin my\,dy$$

$$= \frac{32\mathrm{B}b^3}{\pi^5}\sum\frac{1}{(2k+1)^5}\frac{\sinh\left(\frac{ma}{2}\right)}{\cosh\left(\frac{ma}{2}\right)},$$

$$\int\int x\frac{d\mathrm{P}}{dy}dx\,dy = \frac{8\mathrm{B}b^2}{\pi^3}\sum\frac{(-1)^k}{(2k+1)^3}\frac{1}{\cosh\left(\frac{ma}{2}\right)}\int_{-\frac{b}{2}}^{\frac{b}{2}}\frac{d\sin my}{dy}dy\int_{-\frac{a}{2}}^{\frac{a}{2}}x\sinh(mx)\,d$$

On a
$$\int_{-\frac{a}{2}}^{\frac{a}{2}} x \sinh(mx)\,dx = \frac{a}{m}\cosh\left(\frac{ma}{2}\right) - \frac{2}{m^2}\sinh\left(\frac{ma}{2}\right);$$

par suite
$$\iint x \frac{dP}{dy}\,dx\,dy = \frac{16\,B\,b^4 a}{\pi^4}\sum_0^\infty \frac{1}{(2k+1)^4} - \frac{32\,B\,b^5}{\pi^5}\sum \frac{1}{(2k+1)^5}\frac{\sinh\left(\frac{ma}{2}\right)}{\cosh\left(\frac{ma}{2}\right)}.$$

Substituons les valeurs de ces deux intégrales dans l'expression de $\mathcal{K}$, après avoir remarqué l'égalité
$$\sum_0^\infty \frac{1}{(2k+1)^4} = \frac{\pi^4}{96},$$

et nous aurons
$$\mathcal{K} = \frac{B\,a\,b^3}{3}\mu - \frac{64\,B\,b^4}{\pi^5}\mu \sum \frac{1}{(2k+1)^5}\frac{\sinh\left(\frac{ma}{2}\right)}{\cosh\left(\frac{ma}{2}\right)},$$

où, comme précédemment, on pourra remplacer B par $\frac{2}{7}$.

Dans le cas où la dimension b est très petite par rapport à a, on peut remplacer $\sinh\left(\frac{ma}{2}\right)$ et $\cosh\left(\frac{ma}{2}\right)$ par $e^{\frac{(2k+1)\pi a}{2b}}$, et l'on obtient
$$\mathcal{K} = \frac{B\,a\,b^3}{3}\mu - \frac{64\,B\,b^4}{\pi^5}\mu \sum \frac{1}{(2k+1)^5} = \frac{B\mu\,a\,b^3}{3}\left(1 - 0{,}63025\frac{b}{a}\right).$$

Lorsque le prisme est à base carrée, on a $b = a$ et, par suite,
$$\mathcal{K} = \frac{B\,a^4\mu}{3} - \frac{64\,B\,a^4\mu}{\pi^5}\sum \frac{1}{(2k+1)^5}\frac{1-e^{-(2k+1)\pi}}{1+e^{-(2k+1)\pi}} = 0{,}249039\,\mu\,B\,a^4.$$

De cette formule, on conclut facilement que, si deux cylindres, l'un de section circulaire, l'autre de section carrée, ont des sections qui ont le même moment d'inertie par rapport à leurs axes, le cylindre circulaire résistera plus que le cylindre à base carrée. Les expériences de Duleau et de Savart ont confirmé ce résultat.

Détermination de la torsion de différents cylindres.

5. La surface latérale du cylindre n'étant sollicitée par aucune force, nous avons à cette surface

$$(a) \qquad T_2 \cos\alpha + T_1 \cos\beta = 0,$$

en désignant par α, β les angles de la normale avec les axes des x et y. Si nous désignons par x et y les coordonnées du contour de la section droite, nous aurons

$$\frac{\cos\beta}{\cos\alpha} = -\frac{dx}{dy},$$

et, en continuant à poser pour les composantes du déplacement

$$u = -B\,yz, \qquad v = B\,xz, \qquad w = \varphi(x,y),$$

nous aurons, pour l'équation (a),

$$\left(\frac{dw}{dx} - By\right)dy - \left(\frac{dw}{dy} + Bx\right)dx = 0$$

ou

$$(b) \qquad B(x\,dx + y\,dy) + \frac{dw}{dy}dx - \frac{dw}{dx}dy = 0.$$

De plus, w satisfait à l'équation

$$(c) \qquad \frac{d^2w}{dx^2} + \frac{d^2w}{dy^2} = 0,$$

et il en résulte que le premier membre de l'équation (b) est une différentielle exacte. Si donc w est une fonction connue de x et y, l'équation (b) s'intégrera sans aucune difficulté, et l'intégration donnera l'équation de la section droite.

Or w donne le gauchissement de la section, c'est-à-dire la surface en laquelle s'est transformée la section droite. Donc, en se donnant ce gauchissement, on pourra en conclure la figure de la section droite, qui y correspond.

Si nous prenons des coordonnées polaires r et θ, les équations (c) et (b) deviennent

$$(d) \qquad \frac{d^2w}{dr^2} + \frac{1}{r}\frac{dw}{dr} + \frac{1}{r^2}\frac{d^2w}{d\theta^2} = 0,$$

$$(e) \qquad \mathrm{B}\, r\, dr + \frac{1}{r}\frac{dw}{d\theta} dr - r\frac{dw}{dr} d\theta = 0.$$

Adoptons, par exemple, pour w la série

$$w = \sum r^m (\mathrm{A} \sin m\theta + \mathrm{A}' \cos m\theta),$$

qui s'étend à toutes les valeurs entières du nombre m, et nous aurons pour l'équation de la section droite

$$\frac{\mathrm{B}}{4} r^4 + \sum r^m (\mathrm{A} \cos m\theta - \mathrm{A}' \sin m\theta) = \mathrm{K},$$

K désignant une constante arbitraire.

De Saint-Venant a donné de nombreux exemples de ce procédé (*Mémoires des Savants étrangers*, t. XIV; 1855).

Connaissant u, v, w, on pourra calculer le moment de torsion.

Torsion et flexion de cylindres dont la section est quelconque.

6. Après avoir considéré la torsion de quelques cylindres particuliers, nous allons étudier simultanément la torsion et la flexion dans les corps cylindriques de section quelconque. De Saint-Venant a donné le premier une théorie satisfaisante de ces deux déformations; toutefois, pour l'exposition de ce sujet, nous allons suivre maintenant celle qui a été donnée par Clebsch.

Nous supposons une tige cylindrique dont la longueur est assez grande par rapport aux dimensions des bases. L'une des bases, A, est maintenue fixe, et des forces appliquées à l'autre base, B, produisent la torsion et la flexion. Aucune force n'est appliquée à la surface latérale.

Nous négligerons les actions extérieures qui, dans les applications habituelles, se réduiraient à la pesanteur. Pour plus de généralité, nous supposerons que l'élasticité du corps n'est pas la même suivant la longueur du prisme que perpendiculairement à cette longueur.

La base A ne peut pas être regardée comme absolument fixe, parce qu'elle subira une déformation. Mais, pour diminuer le nombre des constantes à déterminer dans le problème, nous pourrons concevoir la base assujettie à des conditions qui maintiendraient la tige entièrement fixe, si elle était absolument rigide.

Par hypothèse, il n'existe aucune force appliquée à la surface latérale. Sur cette surface, les cosinus directeurs de la normale sont $\cos\alpha$, $\sin\alpha$, 0, et l'on a ainsi pour cette surface ces trois équations (Chap. I, n° 6) :

$$(1) \quad \begin{cases} N_1 \cos\alpha + T_3 \sin\alpha = 0, \\ T_3 \cos\alpha + N_2 \sin\alpha = 0, \\ T_2 \cos\alpha + T_1 \sin\alpha = 0. \end{cases}$$

De Saint-Venant essaye de supposer que, sur tout plan parallèle aux génératrices du cylindre, il n'existe aucune pression ou traction latérale, c'est-à-dire aucune force perpendiculaire aux génératrices. On a alors, en tous les points du cylindre,

$$(2) \quad N_1 = 0, \quad T_3 = 0, \quad N_2 = 0.$$

Ainsi les deux premières équations (1) sont satisfaites non seulement à la surface, mais en tout point intérieur, et il ne reste plus qu'à satisfaire à la troisième condition à la surface (1). Si l'on parvient à résoudre le problème dans ces suppositions, il restera à examiner en quelle manière les solutions trouvées sont applicables aux faits de l'expérience.

7. Les équations générales de l'élasticité donnent

$$\frac{dN_1}{dx} + \frac{dT_3}{dy} + \frac{dT_2}{dz} = 0,$$

$$\frac{dT_3}{dx} + \frac{dN_2}{dy} + \frac{dT_1}{dz} = 0,$$

$$\frac{dT_2}{dx} + \frac{dT_1}{dy} + \frac{dN_3}{dz} = 0,$$

et, d'après les équations (2), elles se réduisent à

(3) $\begin{cases} \dfrac{dT_2}{dz} = 0, & \dfrac{dT_1}{dz} = 0, \\ \dfrac{dT_2}{dx} + \dfrac{dT_1}{dy} + \dfrac{dN_3}{dz} = 0. \end{cases}$

Regardons le cylindre comme décomposé en filets parallèles à l'axe. Chaque filet ne subissant aucune force élastique transversale de la part des filets voisins, concevons que chaque filet s'allonge comme s'il existait seul. Alors, en supposant la structure du cylindre différente suivant l'axe des z de ce qu'elle est suivant les axes des x et des y, on peut poser, d'après le n° 5 du Chap. II,

(4) $\qquad \dfrac{du}{dx} = \dfrac{dv}{dy} = -h\dfrac{dw}{dz}, \qquad N_3 = E\dfrac{dw}{dz},$

E étant le coefficient d'élasticité du prisme (¹).

On a ensuite

$$T_1 = \mu\left(\dfrac{dv}{dz} + \dfrac{dw}{dy}\right), \qquad T_2 = \mu\left(\dfrac{dw}{dx} + \dfrac{du}{dz}\right);$$

donc les deux premières équations (3) deviennent

(5) $\qquad \dfrac{d^2 w}{dx\,dz} + \dfrac{d^2 u}{dz^2} = 0, \qquad \dfrac{d^2 v}{dz^2} + \dfrac{d^2 w}{dy\,dz} = 0,$

et la troisième devient

$$\mu\left(\dfrac{d^2 u}{dx\,dz} + \dfrac{d^2 v}{dy\,dz} + \dfrac{d^2 w}{dx^2} + \dfrac{d^2 w}{dy^2}\right) + E\dfrac{d^2 w}{dz^2} = 0$$

(¹) L'égalité $\dfrac{du}{dx} = \dfrac{dv}{dy}$ paraît la moins justifiée de cette théorie. On conçoit qu'elle puisse avoir lieu d'une manière approximative si la section est convexe et si les dimensions de la base ne sont pas très différentes. Mais il n'en est plus de même si la courbe présente dans sa section des dimensions très différentes. Ainsi, supposons une lame à section rectangulaire, et dont un côté soit très petit par rapport à l'autre, et plaçons l'axe des z suivant la longueur de la lame, et les axes des x et des y suivant la plus petite et la plus grande dimension de la section. On pourra étendre la lame suivant l'axe des z, sans changer sa largeur, et, par conséquent, v sera nul sans que $\dfrac{du}{dx}$ le soit.

ou, d'après (1),

(6)
$$\frac{E-2gh}{\mu}\frac{d^2w}{dz^2} + \frac{d^2w}{dx^2} + \frac{d^2w}{dy^2} = 0.$$

La deuxième équation (2) peut s'écrire

(7)
$$\frac{du}{dy} + \frac{dv}{dx} = 0.$$

Les trois équations (2) continuent à subsister, si l'on fait tourner l'angle droit des x, y dans son plan; ainsi l'équation (7) aura encore lieu et exprimera que tout angle droit parallèle au plan des xy ne change pas; il en est de même, par suite, de tout angle parallèle au plan des xy.

Enfin, nous avons à satisfaire à la troisième condition (1) sur la surface latérale, condition qui peut s'écrire

$$\left(\frac{dv}{dx} + \frac{du}{dz}\right)\cos\alpha + \left(\frac{dv}{dz} + \frac{dw}{dy}\right)\sin\alpha = 0.$$

Résolution des équations du numéro précédent.

8. Nous avons à trouver pour u, v, w des valeurs qui satisfont en tout point du cylindre aux six équations suivantes :

(a)
$$\frac{du}{dx} = \frac{dv}{dy} = -h\frac{dw}{dz},$$

(b)
$$\frac{d^2w}{dx\,dz} + \frac{d^2u}{dz^2} = 0,$$

(c)
$$\frac{d^2w}{dy\,dz} + \frac{d^2v}{dz^2} = 0,$$

(d)
$$\frac{du}{dy} + \frac{dv}{dx} = 0,$$

(e)
$$\frac{E-2gh}{\mu}\frac{d^2w}{dz^2} + \frac{d^2w}{dx^2} + \frac{d^2w}{dy^2} = 0.$$

Nous avons ainsi deux fois plus d'équations que d'inconnues; nous verrons que néanmoins on peut y satisfaire.

En différentiant l'équation (*b*) par rapport à *x*, on a

(*f*) $$\frac{d^3w}{dx^2\,dz} = -\frac{d^2}{dz^2}\frac{du}{dx} = h\frac{d^3w}{dz^3};$$

on a, de même,

(*g*) $$\frac{d^3w}{dy^2\,dz} = h\frac{d^3w}{dz^3}.$$

Différentions (*e*) par rapport à *z*, et, en ayant égard à (*f*) et (*g*), nous aurons

$$(E - 2\mu h)\frac{d^3w}{dz^3} = -\mu\left(\frac{d^3w}{dx^2\,dz} + \frac{d^3w}{dy^2\,dz}\right) = -2\mu h\frac{d^3w}{dz^3}$$

ou

(*h*) $$\frac{d^3w}{dz^3} = 0;$$

donc aussi, d'après (*f*) et (*g*),

(*i*) $$\frac{d^3w}{dx^2\,dz} = 0, \qquad \frac{d^3w}{dy^2\,dz} = 0.$$

Différentions (*b*) et (*c*) respectivement par rapport à *y* et *x* et ajoutons : nous aurons

$$2\frac{d^3w}{dx\,dy\,dz} = -\frac{d^2}{dz^2}\left(\frac{du}{dy} + \frac{dv}{dx}\right)$$

et, par suite, d'après (*d*),

(*j*) $$\frac{d^3w}{dx\,dy\,dz} = 0.$$

Des quatre équations (*h*), (*i*), (*j*), on conclut facilement la formule suivante :

$$\frac{dw}{dz} = a_0 + a_1 x + a_2 y + (b_0 + b_1 x + b_2 y)z.$$

Ensuite on déduit des équations (*a*)

$$\frac{du}{dx} = \frac{dv}{dy} = -h[a_0 + a_1 x + a_2 y + (b_0 + b_1 x + b_2 y)z];$$

ce qui permet d'en tirer u à une fonction arbitraire près de y et z, et l'on obtient

$$u = -h\left[a_0 x + a_1 \frac{x^2}{2} + a_2 xy + \left(b_0 x + b_1 \frac{x^2}{2} + b_2 xy\right)z\right] + \varphi(y,z).$$

Puis, d'après (b), on a
$$\frac{d^2 u}{dz^2} = -a_1 - b_1 z;$$
par suite,
$$\frac{d^2 \varphi(y,z)}{dz^2} = -a_1 - b_1 z$$
et, en intégrant,
$$\varphi(y,z) = -a_1 \frac{z^2}{2} - b_1 \frac{z^3}{6} + z\psi(y) + \chi(y),$$

$\psi(y), \chi(y)$ étant deux fonctions arbitraires. Il en résulte la première de ces deux équations

$$u = -h\left[a_0 x + a_1 \frac{x^2}{2} + a_2 xy + \left(b_0 x + b_1 \frac{x^2}{2} + b_2 xy\right)z\right]$$
$$- a_1 \frac{z^2}{2} - b_1 \frac{z^3}{6} + z\psi(y) + \chi(y),$$

$$v = -h\left[a_0 y + a_1 xy + a_2 \frac{y^2}{2} + \left(b_0 y + b_1 xy + b_2 \frac{y^2}{2}\right)z\right]$$
$$- a_2 \frac{z^2}{2} - b_2 \frac{z^3}{6} + z\Psi(x) + X(x),$$

et la seconde s'obtient de même.

9. En portant ces valeurs dans (d), nous aurons

(k) $\quad \begin{cases} 0 = -h(a_2 x + b_2 xz) + z\psi'(y) + \chi'(y) \\ -h(a_1 y + b_1 yz) + z\Psi'(x) + X'(x); \end{cases}$

les fonctions $\psi(y), \chi(y), \Psi(x), X(x)$ sont donc des trinômes du second degré, et l'on peut poser

$$\chi(y) = a' + a'_1 y + a'_2 y^2, \qquad \psi(y) = b' + b'_1 y + b'_2 y^2,$$
$$X(x) = a'' + a''_1 x + a''_2 x^2, \qquad \Psi(x) = b'' + b''_1 x + b''_2 x^2.$$

L'équation (k) devient ainsi

$$0 = -ha_2x - hb_2xz + (b_1' + 2b_2'y)z + a_1' + 2a_2'y$$
$$- ha_1y - hb_1yz + (b_1'' + 2b_2''x)z + a_1'' + 2a_2''x,$$

et l'on en tire

$$a_2' = \tfrac{1}{2}ha_2, \qquad a_1' + a_1'' = 0, \qquad a_2'' = \tfrac{1}{2}ha_1.$$
$$b_2' = \tfrac{1}{2}hb_2, \qquad b_1' + b_1'' = 0, \qquad b_2'' = \tfrac{1}{2}hb_1.$$

Posons

$$a_1' = -a_1'' = \alpha, \qquad b_1' = -b_1'' = \beta,$$

et nous aurons

$$u = -h\left[a_0x + a_1\frac{x^2-y^2}{2} + a_2xy + \left(b_0x + b_1\frac{x^2-y^2}{2} + b_2xy\right)z\right]$$
$$- a_1\frac{z^2}{2} - b_1\frac{z^3}{6} + (b' + \beta y)z + a' + \alpha y,$$

$$v = -h\left[a_0y + a_1xy + a_2\frac{y^2-x^2}{2} + \left(b_0y + b_1xy + b_2\frac{y^2-x^2}{2}\right)z\right]$$
$$- a_2\frac{z^2}{2} - b_2\frac{z^3}{6} + (b'' - \beta x)z + a'' - \alpha x.$$

D'autre part, de l'équation qui donne $\frac{dw}{dz}$ on déduit

$$w = (a_0 + a_1x + a_2y)z + (b_0 + b_1x + b_2y)\frac{z^2}{2} + F(x, y),$$

$F(x, y)$ étant une fonction arbitraire.

Portons cette expression dans (e), et nous aurons

$$\frac{d^2F}{dx^2} + \frac{d^2F}{dy^2} + \frac{E - 2\mu h}{\mu}(b_0 + b_1x + b_2y) = 0.$$

Pour simplifier la forme de cette équation, posons

$$F = \Omega - \frac{E - 2\mu h}{2\mu}\left(b_0\frac{x^2+y^2}{2} + b_1xy^2 + b_2yx^2\right) - b'x - b''y,$$

et nous aurons l'équation

$$\frac{d^2\Omega}{dx^2} + \frac{d^2\Omega}{dy^2} = 0.$$

10. Nous avons dit ci-dessus que la base A ne peut pas être regardée comme absolument fixe, parce qu'elle subit une déformation. Mais, sans restreindre cette déformation, nous pouvons supposer qu'un élément de la base A demeure dans son plan primitif, qu'un point O de cet élément reste fixe, ainsi qu'une droite infiniment petite menée par ce point dans la base.

Plaçons l'origine des coordonnées en ce point fixe O, et mettons l'axe des x suivant la droite fixe infiniment petite.

Le point O restant fixe, nous avons d'abord

$$u = 0, \quad v = 0, \quad w = 0 \quad \text{pour} \quad x = 0, \quad y = 0, \quad z = 0.$$

Le point, qui a pour coordonnées $(dx, dy, 0)$, a pour déplacement suivant l'axe des z

$$\left(\frac{dw}{dx}\right)_0 dx + \left(\frac{dw}{dy}\right)_0 dy.$$

et, comme ce déplacement doit être nul, on a

$$\left(\frac{dw}{dx}\right)_0 = 0, \quad \left(\frac{dw}{dy}\right)_0 = 0.$$

Enfin le point $(dx, 0, 0)$ doit rester sur l'axe des x; on a donc

$$\left(\frac{dv}{dx}\right)_0 = 0.$$

D'après les valeurs obtenues pour u, v, w, ces conditions deviennent

$$a' = 0, \quad a'' = 0, \quad (\Omega)_0 = 0,$$
$$z = 0, \quad \left(\frac{d\Omega}{dx}\right)_0 - b' = 0, \quad \left(\frac{d\Omega}{dy}\right)_0 - b'' = 0,$$

l'indice 0 indiquant qu'on fait, dans l'expression qui en est affectée, $x = 0$, $y = 0$.

Prenons, pour l'origine des coordonnées, le centre de gravité de la base. Nous avons

$$N = E\frac{dw}{dz} = E[a_0 + a_1 x + a_2 y + (b_0 + b_1 x + b_2 y)z];$$

faisons la somme de toutes les forces longitudinales sur toute une section, et, en remarquant les égalités

$$\int x\,d\sigma = 0, \quad \int y\,d\sigma = 0,$$

où les intégrales sont étendues à tous les éléments $d\sigma$ de la section, nous aurons

$$\int N_3\,d\sigma = E(a_0 + b_0 z)\sigma.$$

Or cette résultante doit être indépendante de z; on a donc

$$b_0 = 0.$$

Les termes multipliés par b' et b'', dans u, v, w, introduisent deux rotations de tout le corps autour des axes des x et des y, comme on le voit facilement; ils ne changent donc pas les valeurs des forces élastiques. Et les valeurs de u, v, w deviennent, en définitive,

$$u = -h\left[a_0 x + a_1 \frac{x^2 - y^2}{2} + a_2 xy + \left(b_1 \frac{x^2 - y^2}{2} + b_2 xy\right)z\right]$$
$$- a_1 \frac{z^2}{2} - b_1 \frac{z^3}{6} + z\left(\frac{d\Omega}{dx}\right)_0 + \beta yz,$$

$$v = -h\left[a_0 y + a_1 \frac{y^2 - x^2}{2} + a_1 xy + \left(b_2 \frac{y^2 - x^2}{2} + b_1 xy\right)z\right]$$
$$- a_2 \frac{z^2}{2} - b_2 \frac{z^3}{6} + z\left(\frac{d\Omega}{dy}\right)_0 - \beta xz,$$

$$w = (a_0 + a_1 x + a_2 y)z + (b_1 x + b_2 y)\frac{z^2}{2}$$
$$- \frac{E - 2\eta h}{2\eta}(b_1 xy^2 + b_2 yx^2) + \Omega - x\left(\frac{d\Omega}{dx}\right)_0 - y\left(\frac{d\Omega}{dy}\right)_0.$$

Nous obtenons ensuite, pour les expressions des forces élastiques,

$$N_1 = 0, \quad N_2 = 0, \quad T_3 = 0,$$
$$N_3 = E\frac{dw}{dz}, \quad T_1 = \eta\left(\frac{dv}{dz} + \frac{dw}{dy}\right), \quad T_2 = \eta\left(\frac{dw}{dx} + \frac{du}{dz}\right)$$

ou
$$N_1 = E[a_0 + a_1 x + a_2 y + (b_1 x + b_2 y)z],$$
$$T_1 = \mu\left[h\left(b_1 xy + b_2 \frac{3x^2-y^2}{2}\right) - \frac{E}{2\mu}(2b_1 xy + b_2 x^2) - 3x + \frac{d\Omega}{dy}\right],$$
$$T_2 = \mu\left[h\left(b_2 xy + b_1 \frac{3y^2-x^2}{2}\right) - \frac{E}{2\mu}(2b_2 xy + b_1 y^2) + 3y + \frac{d\Omega}{dx}\right].$$

Sur la fonction Ω.

11. La fonction Ω satisfait en tous les points du cylindre à l'équation

(A) $$\frac{d^2\Omega}{dx^2} + \frac{d^2\Omega}{dy^2} = 0$$

et, de plus, à la condition à la surface latérale

$$T_2 \cos\alpha + T_1 \sin\alpha = 0,$$

qui peut s'écrire

(B) $$\begin{cases} 0 = \left[3y + \left(h - \frac{E}{\mu}\right)b_1 xy - hb_1\frac{x^2}{2} + \frac{1}{2}\left(3h - \frac{E}{\mu}\right)b_1 y^2 + \frac{d\Omega}{dx}\right]\cos\alpha \\ + \left[-3x + \left(h - \frac{E}{\mu}\right)b_1 xy - hb_1\frac{y^2}{2} + \frac{1}{2}\left(3h - \frac{E}{\mu}\right)b_1 x^2 + \frac{d\Omega}{dy}\right]\sin\alpha. \end{cases}$$

On démontre facilement que, si une fonction Ω satisfait à l'équation (A) dans l'intérieur d'une courbe s, et satisfait, de plus, sur ce contour à une condition de la forme

(C) $$\frac{d\Omega}{dn} = f(x,y),$$

dn étant l'élément de normale au contour, cette fonction Ω est déterminée à une constante additive près. Comme on a

$$\frac{d\Omega}{dn} = \frac{d\Omega}{dx}\cos\alpha + \frac{d\Omega}{dy}\sin\alpha,$$

l'équation (B) est bien de la forme (C), et la fonction Ω qui nous occupe, étant assujettie à être nulle pour $x = 0$, $y = 0$, est complètement déterminée, lorsque les coefficients β, b_1, b_2 sont connus.

Dans l'équation (B), tous les termes qui ne dépendent pas de Ω sont multipliés par une des constantes b_1, b_2, β; il en résulte que l'on peut mettre Ω sous la forme suivante

$$\Omega = b_1 U_1 + b_2 U_2 + \beta U_3,$$

où U_1, U_2, U_3 sont des fonctions de x, y indépendantes de ces constantes, et que le problème se partagera dans les recherches séparées des trois fonctions U_1, U_2, U_3. Ces fonctions, dans les points intérieurs, satisfont aux trois équations

$$\frac{d^2 U_1}{dx^2} + \frac{d^2 U_1}{dy^2} = 0, \quad \frac{d^2 U_2}{dx^2} + \frac{d^2 U_2}{dy^2} = 0, \quad \frac{d^2 U_3}{dx^2} + \frac{d^2 U_3}{dy^2} = 0$$

et à la surface latérale aux conditions

$$\frac{dU_1}{dx}\cos\alpha + \frac{dU_1}{dy}\sin\alpha = \left[\frac{h}{2} x^2 + \frac{1}{2}\left(\frac{E}{\mu} - 3h\right) y^2\right] \cos\alpha + \left(\frac{E}{\mu} - h\right) xy \sin\alpha,$$

$$\frac{dU_2}{dx}\cos\alpha + \frac{dU_2}{dy}\sin\alpha = \left(\frac{E}{\mu} - h\right) xy \cos\alpha + \left[\frac{h}{2} y^2 + \frac{1}{2}\left(\frac{E}{\mu} - 3h\right) x^2\right] \sin\alpha,$$

$$\frac{dU_3}{dx}\cos\alpha + \frac{dU_3}{dy}\sin\alpha = \beta(x \sin\alpha - y \cos\alpha).$$

Nous avons dit que la fonction Ω doit s'annuler pour $x = 0$, $y = 0$; donc, de même, les trois fonctions U_1, U_2, U_3 doivent s'annuler pour ces valeurs de x et y.

Décomposition de la déformation totale en déformations partielles.

12. Les valeurs générales trouvées pour u, v, w se composent de termes affectés des six coefficients a_0, a_1, a_2, b_1, b_2, β. En conservant un de ces six coefficients et annulant les cinq autres, on obtiendra une déformation possible de la tige cylindrique. Comme les six coefficients sont arbitraires, l'ensemble de ces six déformations, prises chacune avec une amplitude arbitraire, représentera la déformation la plus générale de la tige dans les conditions où nous nous sommes placés. Examinons ces déformations partielles.

Première déformation : Étirement ou contraction longitudinale. — Si nous annulons toutes les constantes, sauf a_0, nous avons

$$u = -ha_0 x, \qquad v = -ha_0 y, \qquad w = a_0 z,$$
$$N_3 = E a_0, \qquad T_1 = 0, \qquad T_2 = 0.$$

Ces formules nous donnent simplement un allongement ou une contraction longitudinale. La déformation se fait suivant les formules relatives à une tige allongée par un poids. (Chap. II, n° 4.)

Deuxième déformation : Torsion. — Des six coefficients ne conservons que β, et nous aurons

$$u = \beta z \left[y + \left(\frac{dU_3}{dx}\right)_0 \right], \qquad v = -\beta z \left[x - \left(\frac{dU_3}{dy}\right)_0 \right],$$
$$w = \beta \left[U_3 - x\left(\frac{dU_3}{dx}\right)_0 - y\left(\frac{dU_3}{dy}\right)_0 \right],$$
$$N_3 = 0, \qquad T_1 = \mu \beta\left(-x + \frac{dU_3}{dy}\right), \qquad T_2 = \mu \beta\left(y + \frac{dU_3}{dx}\right).$$

Ces formules expriment la torsion; nous les avons déjà obtenues (n° 5), diminuées des termes qui contiennent les valeurs des dérivées de U_3 pour $x = 0$, $y = 0$; mais ces termes ne produisent aucune force élastique et n'indiquent que des rotations de tout le corps autour des axes des x et des y.

La force N_3 étant nulle, les forces appliquées à la base libre B du cylindre agissent toutes dans le plan de cette base.

Remarquons que u et v sont nuls pour

$$x = -\left(\frac{dU_3}{dy}\right)_0, \qquad y = -\left(\frac{dU_3}{dx}\right)_0,$$

et, par suite, le filet, indiqué par ces deux équations, conserve sa position primitive.

13. *Troisième déformation : Flexion.* — Considérons ensuite l'ensemble des deux déformations qui dépendent des deux constantes a_1

et b_1, et annulons les autres coefficients. Nous aurons

$$u = -\frac{a_1}{2}[h(x^2-y^2)+z^2] - b_1\left[\frac{z^3}{6} + \frac{h}{2}(x^2-y^2)z - z\left(\frac{dU_1}{dx}\right)_0\right],$$

$$v = -h\,xy(a_1+b_1 z) + b_1\left(\frac{dU_1}{dy}\right)_0 z,$$

$$w = a_1 xz + b_1\left[\frac{1}{3}z^3x - \frac{E-2\mu h}{2\mu}xy^2 + U_1 - x\left(\frac{dU_1}{dx}\right)_0 - y\left(\frac{dU_1}{dy}\right)_0\right],$$

$$N_3 = E\,x(a_1+b_1 z),$$

$$T_1 = \mu\,b_1\left[\left(h-\frac{E}{\mu}\right)xy + \frac{dU_1}{dy}\right],$$

$$T_2 = \mu\,b_1\left[\left(\frac{3h}{2}-\frac{E}{2\mu}\right)y^2 - \frac{h}{2}x^2 + \frac{dU_1}{dx}\right].$$

Les déplacements donnés par les trois premières formules indiquent un état de déformation que nous allons expliquer et qui porte le nom de *flexion*.

Après la déformation, les coordonnées x, y, z de chaque point deviennent

$$x' = x+u, \qquad y' = y+v, \qquad z' = z+w.$$

Considérons une droite parallèle à l'axe des z. Tout le long de cette droite, x et y restent les mêmes et z est variable. On aura donc la ligne en laquelle cette droite s'est changée en éliminant z entre ces trois équations, et, comme u et v sont très petits, on pourra faire cette élimination en remplaçant z par z' dans les deux premières équations; ce qui donnera

$$x' = x+u', \qquad y' = y+v',$$

u' et v' étant les valeurs de u et v dans lesquelles z est remplacé par z'. La courbe en laquelle la droite s'est changée a donc pour équations

$$x' = x - \frac{a_1}{2}[h(x^2-y^2)+z'^2] - b_1\left[\frac{z'^3}{6} + \frac{h}{2}(x^2-y^2)z' - \left(\frac{dU_1}{dx}\right)_0 z'\right],$$

$$y' = y - h\,xy(a_1+b_1 z') + b_1\left(\frac{dU_1}{dy}\right)_0 z',$$

x', y', z' étant les coordonnées de la courbe. Cette ligne, d'après la deuxième équation, est renfermée dans un plan parallèle à l'axe des x et représente, d'après la première équation, une parabole du troisième degré.

La grandeur de la flexion peut se mesurer par les déplacements du centre de la base B. Les déplacements de ce point ($x=0, y=0, z=l$) sont, puisque $(U_1)_0$ est nul,

$$u = -\frac{a_1}{2}l^2 - b_1\left[\frac{l^3}{6} - \left(\frac{dU_1}{dx}\right)_0 l\right], \quad v = b_1 l\left(\frac{dU_1}{dy}\right)_0, \quad w = 0.$$

Les expressions des glissements g_{yz}, g_{zx} se déduisent immédiatement de celles de T_1, T_2, et l'on a

$$g_{yz} = b_1\left[\left(h - \frac{E}{\mu}\right)xy + \frac{dU_1}{dy}\right], \quad g_{zx} = b_1\left[\left(\frac{3h}{2} - \frac{E}{2\mu}\right)y^2 - \frac{h}{2}x^2 + \frac{dU_1}{dx}\right];$$

ces glissements représentent (Chap. I, n° 14) les décroissements des angles droits formés par une parallèle à l'axe des z avec les parallèles aux axes des y et des x. Comme ces quantités ne sont pas nulles, il en résulte que les filets longitudinaux du cylindre ne sont pas restés normaux sur les sections droites, et que ces sections se sont gauchies. Le long de la surface latérale, on a (n° 6)

$$T_3 = 0, \quad T_2 \cos \alpha + T_1 \sin \alpha = 0$$

ou, d'après le n° 24 du Chap. I,

$$g_{xy} = 0, \quad g_{zx} \cos \alpha + g_{zy} \sin \alpha = 0,$$

et de même que $T_2 \cos \alpha + T_1 \sin \alpha$ représente la force élastique tangentielle suivant l'axe des z sur la surface latérale, de même

$$g_{zx} \cos \alpha + g_{zy} \sin \alpha$$

est le décroissement de l'angle formé par une parallèle à l'axe des z avec la normale à la surface latérale. Donc, le long de la surface latérale, la direction des filets reste perpendiculaire sur la position que prend cette normale.

Quatrième déformation : Flexion. — Considérons enfin l'ensemble des deux déformations qui dépendent des deux constantes a_2 et b_2 et qui produisent ce que nous appellerons la *quatrième déformation*. Elle est toute semblable à la troisième; les rôles des axes des x et des y se trouvent simplement intervertis.

Application de la théorie précédente aux problèmes de la pratique.

14. En nous posant le problème de la déformation des cylindres homogènes, nous avons dit que nous regarderions la longueur de ces cylindres comme grande par rapport aux dimensions de la section. Cependant on ne voit aucunement la nécessité de cette supposition dans les calculs qui précèdent. Ce n'est en effet que pour en tirer des résultats très approchés pour la pratique que cette supposition devient nécessaire.

Concevons actuellement que des forces soient appliquées près de l'extrémité de la tige cylindrique. En général, elles ne le seront pas comme il résulterait de la théorie précédente et, par exemple, s'il y a simple torsion autour de l'axe, comme nous l'avons déjà dit, elle s'opérera ordinairement par des forces appliquées sur la surface latérale de l'extrémité de la tige, tandis que nous avons supposé qu'il n'y avait point de force à cette surface.

Cependant, en concevant que le cylindre devienne rigide, les forces appliquées effectivement vers l'extrémité de ce corps se réduiraient à une force résultante et à un couple. D'autre part, d'après la théorie précédente, cette même extrémité est sollicitée par des forces qui se réduisent de la même manière. En exprimant l'égalité de ces deux systèmes de forces, on formera six équations qui pourront servir à déterminer les six quantités $a_0, a_1, b_1, a_2, b_2, \beta$, qui entrent dans la théorie précédente.

Désignons, d'après cela, par F les forces qui seraient appliquées à l'extrémité de la tige d'après la théorie précédente et par $\mathfrak{F}$ les forces qui y sont appliquées effectivement. Le système des forces $\mathfrak{F}$ peut être remplacé par celui des forces F et par un autre composé des forces $\mathfrak{F}$ et des forces F' égales et opposées aux forces F. Ce dernier système se ferait équilibre sur le corps devenu rigide, et nous admettons qu'il ne produirait de déformation sensible que vers l'extrémité où il est appliqué.

Cela résulte de ce théorème général qu'il serait bon de démontrer rigoureusement :

Un système de forces appliquées à une très petite partie d'un corps solide, et qui se feraient équilibre si le corps était rigide, ne produit pas de déformation sensible à une distance notable des points d'application des forces.

15. Désignons par $\mathcal{X}$, $\mathcal{Y}$, $\mathcal{Z}$ les sommes des composantes des forces exercées auprès de la base libre $z = l$. Désignons par $\mathcal{L}$, $\mathfrak{M}$, $\mathfrak{N}$ les sommes des moments des mêmes forces autour des axes des x, y, z. Les mêmes quantités, dans le problème théorique qui vient d'être résolu, seront représentées par les intégrales suivantes étendues à tous les éléments $d\sigma$ de la base :

$$\int T_2 \, d\sigma, \quad \int T_1 \, d\sigma, \quad \int N_3 \, d\sigma,$$

$$\int (N_3 y - T_1 l) \, d\sigma, \quad \int (T_2 l - N_3 x) \, d\sigma, \quad \int (T_1 x - T_2 y) \, d\sigma.$$

Donc, d'après ce qui a été dit, nous poserons

$$(z) \begin{cases} \int T_2 \, d\sigma = \mathcal{X}, & \int T_1 \, d\sigma = \mathcal{Y}, & \int N_3 \, d\sigma = \mathcal{Z}, \\ \int (N_3 y - T_1 l) \, d\sigma = \mathcal{L}, & \int (T_2 l - N_3 x) \, d\sigma = \mathfrak{M}, & \int (T_1 x - T_2 y) \, d\sigma = \mathfrak{N}; \end{cases}$$

ce sont les équations qui serviront à déterminer les six constantes a_0, a_1, b_1, a_2, b_2, β.

Nous avons mis (n° 10) l'origine des coordonnées au centre de gravité de la base A, ce qui donne les deux équations

$$\int x \, d\sigma = 0, \quad \int y \, d\sigma = 0;$$

on peut de plus choisir pour axes des x et des y les axes principaux de la base, en sorte que l'on ait

$$\int xy \, d\sigma = 0.$$

Les trois premières équations (z) deviennent

(1) $\quad b_1 \left[\dfrac{3\mu h - E}{2} \int y^2 d\sigma - \dfrac{\mu h}{2} \int x^2 d\sigma \right] + \mu \int \dfrac{d\Omega}{dx} d\sigma = \mathcal{X},$

(2) $\quad b_2 \left[\dfrac{3\mu h - E}{2} \int x^2 d\sigma - \dfrac{\mu h}{2} \int y^2 d\sigma \right] + \mu \int \dfrac{d\Omega}{dy} d\sigma = \mathcal{Y},$

(3) $\quad\quad\quad\quad\quad\quad\quad E a_0 \sigma = \mathcal{Z}.$

Ces trois équations déterminent respectivement b_1, b_2, a_0.
Les quatrième et cinquième équations (z) deviennent

(4) $\quad\quad E(a_2 + lb_1) \int y^2 d\sigma = \mathcal{L} + l\mathcal{Y},$

(5) $\quad\quad E(a_1 + lb_1) \int x^2 d\sigma = -\mathfrak{M} + l\mathcal{X};$

elles donneront donc a_1 et a_2. Enfin on obtiendra pour la sixième équation (z)

(6) $\quad\begin{cases} -\beta \int (x^2 + y^2) d\sigma + \int \left(x \dfrac{d\Omega}{dy} - y \dfrac{d\Omega}{dx} \right) d\sigma \\ + b_1 \left[\left(\dfrac{3h}{2} - \dfrac{E}{\mu} \right) \int y x^2 d\sigma + \left(\dfrac{E}{2\mu} - \dfrac{3h}{2} \right) \int y^3 d\sigma \right] \\ + b_2 \left[-\left(\dfrac{3h}{2} - \dfrac{E}{\mu} \right) \int xy^2 d\sigma - \left(\dfrac{E}{2\mu} - \dfrac{3h}{2} \right) \int x^3 d\sigma \right] = \dfrac{\mathcal{R}}{\mu}, \end{cases}$

et elle déterminera β.

Les cinq premières de ces équations sont susceptibles de simplification, comme nous allons voir.

Calcul des intégrales $\int \dfrac{d\Omega}{dx} d\sigma, \int \dfrac{d\Omega}{dy} d\sigma.$

16. Clebsch a fait remarquer qu'on peut calculer ces deux intégrales sans déterminer la fonction Ω.

Désignons par s la courbe qui termine la section σ. Si nous représentons de plus par F, U, U_1 trois fonctions des coordonnées x, y

d'un point de τ, on a ces formules connues

(5) $$\int U\frac{dV}{dx}d\tau = \int UV\cos\alpha\, ds - \int V\frac{dU}{dx}d\tau,$$

(7) $$\int U_1\frac{dV_1}{dy}d\tau = \int U_1 V_1\cos\beta\, ds - \int V_1\frac{dU_1}{dy}d\tau,$$

α, β étant les angles de la normale avec les axes des x et des y. Dans ces deux équations faisons

$$U = \frac{d\Omega}{dx}, \quad U_1 = \frac{d\Omega}{dy}, \quad V = V_1 = x,$$

et nous aurons

$$\int \frac{d\Omega}{dx}d\tau = \int x\frac{d\Omega}{dx}\cos\alpha\, ds - \int x\frac{d^2\Omega}{dx^2}d\tau,$$

$$o = \int x\frac{d\Omega}{dy}\cos\beta\, ds - \int x\frac{d^2\Omega}{dy^2}d\tau.$$

Ajoutons ces deux équations, en remarquant que nous avons

$$\frac{d^2\Omega}{dx^2} + \frac{d^2\Omega}{dy^2} = 0,$$

et nous aurons

$$\int \frac{d\Omega}{dx}d\tau = \int x\left(\frac{d\Omega}{dx}\cos\alpha + \frac{d\Omega}{dy}\cos\beta\right)ds.$$

D'après ce que nous avons vu (n° 11), on a

$$\frac{d\Omega}{dx}\cos\alpha + \frac{d\Omega}{dy}\cos\beta = X\cos\alpha + Y\cos\beta,$$

X et Y ayant les valeurs suivantes

$$X = -\beta y - \left(h - \frac{E}{\mu}\right)b_1 xy + \frac{h}{2}b_1 x^2 - \left(\frac{3}{2}h - \frac{E}{2\mu}\right)b_1 y^2,$$

$$Y = \beta x - \left(h - \frac{E}{\mu}\right)b_1 xy + \frac{h}{2}b_1 y^2 - \left(\frac{3}{2}h - \frac{E}{2\mu}\right)b_1 x^2;$$

il en résulte

$$\int \frac{d\Omega}{dx}d\tau = \int (x X\cos\alpha + x Y\cos\beta)\, ds.$$

Dans les formules (β) et (γ) faisons $U = 1$, $U_1 = 1$, $F = xX$, $F_1 = xY$, et ajoutons; nous aurons, d'après l'équation précédente,

(δ)
$$\int \frac{d\Omega}{dx} d\sigma = \int \left[\frac{d(xX)}{dx} + \frac{d(xY)}{dy} \right] d\sigma.$$

Nous avons de même

(ϵ)
$$\int \frac{d\Omega}{dy} d\sigma = \int \left[\frac{d(yX)}{dx} + \frac{d(yY)}{dy} \right] d\sigma.$$

On a ensuite

$$\frac{d(xX)}{dx} = -\beta y - 2\left(h - \frac{E}{2}\right) b_2 xy + \frac{3}{2} h b_1 x^2 + \left(\frac{E}{2} - \frac{3}{2} h\right) b_1 y^2,$$

$$\frac{d(xY)}{dy} = \left(\frac{E}{2} - h\right) b_1 x^2 + h b_2 xy,$$

et, si l'on prend les axes de coordonnées comme ci-dessus (n° 15), en sorte qu'on ait

$$\int x\, d\sigma = 0, \quad \int y\, d\sigma = 0, \quad \int xy\, d\sigma = 0,$$

on obtient, d'après (δ),

$$\int \frac{d\Omega}{dx} d\sigma = \left(\frac{E}{2} + \frac{h}{2}\right) b_1 \int x^2 d\sigma + \left(\frac{E}{2} - \frac{3}{2} h\right) b_1 \int y^2 d\sigma.$$

On a de même

$$\int \frac{d\Omega}{dy} d\sigma = \left(\frac{E}{2} + \frac{h}{2}\right) b_2 \int y^2 d\sigma + \left(\frac{E}{2} - \frac{3}{2} h\right) b_2 \int x^2 d\sigma.$$

17. D'après cela, les équations (1), (2) et (3), qui donnent les coefficients b_1, b_2, a_0, se réduisent aux suivantes

$$b_1 E \int x^2 d\sigma = \mathcal{X}, \quad b_2 E \int y^2 d\sigma = \mathcal{Y}, \quad a_0 = \frac{\mathcal{Z}}{E \sigma};$$

les équations (4) et (5) deviennent ensuite

$$a_1 E \int y^2 d\sigma = \mathcal{L}, \quad a_2 E \int x^2 d\sigma = -\mathcal{M}.$$

L'expression $\int \left(x \frac{d\Omega}{dy} - y \frac{d\Omega}{dx} \right) d\sigma$ n'est pas susceptible des simplifications obtenues pour les intégrales (δ) et (ε), et l'équation (6) ne subit pas de changement.

En se reportant aux formules des quatre déformations partielles, on arrive au théorème suivant :

La composante $\mathfrak{Z}$ produit l'extension ; la composante $\mathfrak{X}$ et le moment $\mathfrak{M}$ produisent une flexion ; de même $\mathfrak{Y}$ et $\mathfrak{L}$. Enfin le moment $\mathfrak{N}$ n'agit que sur la torsion.

Cas où la section du cylindre a des axes de symétrie.

18. Dans le cas où la section du cylindre a deux axes de symétrie, on a non seulement

$$\int x\, d\sigma = 0, \quad \int y\, d\sigma = 0, \quad \int xy\, d\sigma = 0,$$

mais encore

$$\int x^3 d\sigma = 0, \quad \int x^2 y\, d\sigma = 0, \quad \int xy^2 d\sigma = 0, \quad \int y^3 d\sigma = 0,$$

et, par conséquent, l'équation (6) du n° 15, qui donne la constante β, deviendra

$$(p) \qquad -\beta \int (x^2 + y^2) d\sigma + \int \left(x \frac{d\Omega}{dy} - y \frac{d\Omega}{dx} \right) d\sigma = \frac{\mathfrak{N}}{\mu}.$$

Nous avons posé (n° 11)

$$\Omega = b_1 U_1 + b_2 U_2 + \beta U_3,$$

et les fonctions U_1, U_2, U_3 satisfont non seulement à l'équation

$$\frac{d^2 U}{dx^2} + \frac{d^2 U}{dy^2} = 0,$$

mais encore respectivement à trois conditions à la surface. Il est facile de reconnaître que

$$\cos z \text{ est impair en } x, \quad \text{pair en } y,$$
$$\sin z \text{ est pair en } x, \quad \text{impair en } y.$$

On en conclut que le second membre, dans les équations de condition données (n° 11), est respectivement

$$\text{impair en } x, \quad \text{pair en } y,$$
$$\text{pair en } x, \quad \text{impair en } y,$$
$$\text{impair en } x, \quad \text{impair en } y.$$

On en déduit ensuite que U_1, U_2, U_3 sont respectivement de même parité que ces seconds membres. Donc aussi les fonctions

$$x\frac{dU_3}{dy} - y\frac{dU_3}{dx}, \quad x\frac{dU_2}{dy} - y\frac{dU_2}{dx}$$

sont la première impaire en y et la seconde impaire en x. Donc, dans la seconde intégrale de l'équation (p), les parties multipliées par b_1 et b_2 sont nulles, et l'on a

$$\int \left(x\frac{d\Omega}{dy} - y\frac{d\Omega}{dx} \right) d\sigma = \beta \int \left(x\frac{dU_3}{dy} - y\frac{dU_3}{dx} \right) d\sigma.$$

L'équation (p) devient donc

$$(q) \qquad \beta \left[-\int (x^2 + y^2)\, d\sigma + \int \left(x\frac{dU_3}{dy} - y\frac{dU_3}{dx} \right) d\sigma \right] = \frac{\mathfrak{X}_5}{\mu},$$

et ne renferme plus que l'inconnue β.

Il résulte de là que, dans le cas de cette double symétrie, l'extension, les deux flexions et la torsion constituent quatre problèmes entièrement distincts.

On peut remarquer une simplification dans les formules de la flexion données (n° 13). En effet, U_1 est pair en y; donc $\dfrac{dU_1}{dy}$ est impair en y, et, en y faisant $x = 0$, $y = 0$, on a

$$\left(\frac{dU_1}{dy} \right)_0 = 0.$$

On peut de même simplifier les formules de la torsion. U_3 est impair en x et en y; donc $\dfrac{dU_3}{dx}$ et $\dfrac{dU_3}{dy}$ sont impairs par rapport à une de ces va-

riables, et l'on a
$$\left(\frac{dU_3}{dx}\right)_0 = 0, \qquad \left(\frac{dU_3}{dy}\right)_0 = 0.$$

Ainsi les formules de la torsion se réduisent aux suivantes :
$$u = \beta yz, \qquad v = -\beta zx, \qquad w = \beta U_3,$$
$$N_3 = 0, \qquad T_1 = \mu\beta\left(-x + \frac{dU_3}{dy}\right), \qquad T_2 = \mu\beta\left(y + \frac{dU_3}{dx}\right).$$

Ce sont effectivement les formules qui ont été employées pour la torsion du cylindre elliptique et celle du parallélépipède rectangle. Lorsque le cylindre est elliptique, on a
$$U_3 = \frac{A^2 - B^2}{A^2 + B^2} xy,$$

A et B étant les demi-axes de la base, et, dans la formule (q), il faut faire
$$\int(x^2 + y^2)\,d\sigma - \int\left(x\frac{dU_3}{dy} - y\frac{dU_3}{dx}\right)d\sigma = \frac{A^2 B^2}{A^2 + B^2}\pi.$$

Flexion d'un cylindre elliptique.

19. Nous avons déjà calculé la torsion d'un cylindre elliptique sous l'action d'un couple perpendiculaire à son axe et s'exerçant à son extrémité. Il reste à considérer les deux flexions, et il nous suffira de calculer l'une d'elles. Alors la fonction Ω, qui a été décomposée en trois parties, se réduira à une seule
$$\Omega = b_1 U_1;$$

U_1 satisfait en tous les points du cylindre à l'équation

(z) $$\frac{d^2 U_1}{dx^2} + \frac{d^2 U_1}{dy^2} = 0,$$

et sur la surface latérale à l'équation
$$\frac{dU_1}{dx}\cos\alpha + \frac{dU_1}{dy}\sin\alpha = \left[\frac{h}{2}y^2 + \left(\frac{E}{\mu} - \frac{3h}{2}\right)x^2\right]\cos\alpha + \left(\frac{E}{\mu} - h\right)xy\sin\alpha.$$

Désignons l'équation de la section droite par

$$(a) \qquad \frac{x^2}{A^2} + \frac{y^2}{B^2} = 1,$$

nous aurons

$$\tang \alpha = \frac{A^2 y}{B^2 x},$$

et la condition à la surface devient

$$(3) \quad B^2 x \frac{dU_1}{dx} + A^2 y \frac{dU_1}{dy} = \left[\frac{h}{2} x^2 + \left(\frac{E}{2\mu} - \frac{3h}{2}\right) x y^2\right] B^2 + \left(\frac{E}{\mu} - h\right) A^2 x y^2.$$

Nous pourrons satisfaire à l'équation (2) et à la condition (3), en prenant pour U_1 un polynôme entier. Posons

$$U_1 = C x + D(x^3 - 3 x y^2);$$

cette fonction satisfait à (2); substituons dans (3) : nous aurons

$$B^2 C x + 3 B^2 D x^3 - 3 D(B^2 + 2 A^2) x y^2$$
$$= \frac{h}{2} B^2 x^3 + \left[\left(\frac{E}{2\mu} - \frac{3h}{2}\right) B^2 + \left(\frac{E}{\mu} - h\right) A^2\right] x y^2.$$

Cette équation devant avoir lieu à la surface, remplaçons y^2 par sa valeur tirée de l'équation (a)

$$y^2 = B^2 - \frac{B^2}{A^2} x^2;$$

l'équation précédente ne renfermera plus que des termes en x et en x^3 qui devront se détruire séparément, et l'on aura ainsi

$$C - 3(B^2 + 2 A^2) D = \left(\frac{E}{2\mu} - \frac{3h}{2}\right) B^2 + \left(\frac{E}{\mu} - h\right) A^2,$$
$$3(3 A^2 + B^2) D = \frac{h}{2} A^2 - \left(\frac{E}{2\mu} - \frac{3h}{2}\right) B^2 - \left(\frac{E}{\mu} - h\right) A^2.$$

La seconde de ces équations donne D immédiatement, et, en les ajoutant, on aura, pour C,

$$C = -3 A^2 D + \frac{h}{2} A^2.$$

En remplaçant maintenant U_1 par sa valeur dans les formules de la première flexion (n° 13), nous aurons

$$u = -\frac{a_1}{2}[h(c^2-y^2)+z^2] - b_1\left[\frac{z^3}{6} + \frac{h}{2}(c^2-y^2) - Cz\right],$$

$$v = -h.cy(a_1+b_1z),$$

$$w = a_1 cz + b_1\left[\frac{1}{2}z^2 c - \left(\frac{E}{2\mu}-h\right)cy^2 + D(c^3-3cy^2)\right].$$

et a_1, b_1 ont pour valeurs

$$a_1 = -\frac{\partial\mathcal{R}}{E\int x^2\,ds}, \quad b_1 = \frac{X}{E\int x^2\,ds}, \quad \text{avec} \quad \int x^2\,ds = \frac{\pi}{4}A^3B.$$

Après cette déformation, les coordonnées x, y, z de chaque point se sont changées en

$$x'=x+u, \quad y'=y+v, \quad z'=z+w.$$

Pour une section droite, z est constant, et x, y variables. On aura la surface en laquelle cette section s'est changée, en éliminant x, y entre ces trois équations; ce qui donnera à très peu près

$$z' = z + w',$$

w' étant ce que devient w, quand on y remplace x, y par x', y'. Cette surface a donc pour équation

$$z' = z + a_1 x' z + b_1\left[\frac{1}{2}z^2 x' - \left(\frac{E}{2\mu}-h\right)x'y'^2 + D(x'^3-3x'y'^2)\right],$$

et elle est du troisième ordre.

Par un échange de lettres, on aura les formules relatives à la seconde flexion.

Flexion du prisme rectangle.

20. Ce corps possède deux plans de symétrie, qui sont pris pour plans des zx et des zy, et les faces latérales de ce prisme seront données

par les équations

$$x = \pm \frac{a}{2}, \qquad y = \pm \frac{b}{2}.$$

Supposons que ce prisme soit fléchi dans le plan des zx, et, par conséquent, nous avons à appliquer les formules de la troisième déformation (n° 13).

Si la flexion est produite par une force $\mathcal{X}$ appliquée au centre de la base libre, perpendiculaire à l'axe du prisme et dirigée suivant l'axe des x, le moment autour de l'axe des y est

$$\mathfrak{M} = \mathcal{X} l,$$

et, en remplaçant $\mathfrak{M}$ et $\mathcal{X}$ par des expressions obtenues (n° 17), nous avons

$$a_1 = -b_1 l.$$

$\left(\dfrac{dU_1}{dy}\right)_0$ est nul, comme nous avons vu (n° 18); supprimons, de plus, dans les formules des déplacements u, v, w de la troisième déformation, les termes en $\left(\dfrac{dU_1}{dx}\right)_0$ qui indiquent une rotation de tout le corps autour de l'axe des y. Nous aurons

$$u = \frac{b_1}{2}\left(lz^2 - \frac{z^3}{3}\right) + \frac{b_1 h}{2}(l-z)(x^2-y^2),$$
$$v = h b_1 xy(l-z),$$
$$w = b_1\left(-lxz + \frac{xz^2}{2} - \frac{E-2\mu h}{2\mu}xy^2 + U_1\right),$$
$$N_1 = -E b_1 x(l-z),$$
$$T_1 = \mu b_1\left[\left(h - \frac{E}{\mu}\right)xy + \frac{dU_1}{dy}\right],$$
$$T_2 = \mu b_1\left[\left(\frac{3h}{2} - \frac{E}{2\mu}\right)y^2 - \frac{h}{2}x^2 + \frac{dU_1}{dx}\right].$$

La fonction U_1 satisfait en tous les points du prisme à l'équation

(1) $$\frac{d^2 U_1}{dx^2} + \frac{d^2 U_1}{dy^2} = 0.$$

M. — Élast.

et, pour que les forces élastiques soient nulles à la surface latérale du prisme, nous devons poser

$$T_1 = 0 \quad \text{pour} \quad y = \pm \frac{b}{2},$$

$$T_2 = 0 \quad \text{pour} \quad x = \pm \frac{a}{2}.$$

ou

(2) $$\frac{dU_1}{dy} + \left(h - \frac{E}{\mu}\right)xy = 0 \quad \text{pour} \quad y = \pm \frac{b}{2},$$

(3) $$\frac{dU_1}{dx} - \frac{h}{2}x^2 + \left(\frac{3h}{2} - \frac{E}{2\mu}\right)y^2 = 0 \quad \text{pour} \quad x = \pm \frac{a}{2}.$$

Nous satisferons à l'équation (1) en posant

$$U_1 = A xy^2 + B x^3$$

et faisant

$$3B + A = 0;$$

en substituant cette expression de U_1 dans (2), nous obtiendrons

$$A = \frac{E}{2\mu} - \frac{h}{2}, \qquad B = -\frac{1}{6}\left(\frac{E}{\mu} - h\right).$$

21. D'après cela, posons définitivement

$$U_1 = A xy^2 + B x^3 + G x + \Sigma C e^{mx} \cos my + \Sigma D e^{-mx} \cos my,$$

les signes Σ indiquant des séries. Cette fonction satisfera encore à (1) et elle satisfera de plus aux deux conditions (2) si l'on pose

$$\sin \frac{mb}{2} = 0 \quad \text{ou} \quad m = \frac{2k\pi}{b},$$

k étant un nombre entier. Nous n'avons donc plus qu'à satisfaire aux deux conditions (3) ou à

$$\Sigma C m e^{mx} \cos my - \Sigma D m e^{-mx} \cos my + hy^2 - \frac{E}{2\mu}x^2 + G = 0$$

$$\text{pour} \quad x = \pm \frac{a}{2};$$

ce qui donne les deux équations

$$\Sigma C m e^{\frac{ma}{2}} \cos my - \Sigma D m e^{-\frac{ma}{2}} \cos my = -hy^2 + \frac{E}{8\mu} a^2 - G,$$

$$\Sigma C m e^{-\frac{ma}{2}} \cos my - \Sigma D m e^{\frac{ma}{2}} \cos my = -hy^2 + \frac{E}{8\mu} a^2 - G.$$

Ces deux équations peuvent être remplacées par les suivantes :

(4)
$$\begin{cases} D = -C, \\ G + 2\Sigma C m \cosh \frac{ma}{2} \cos my = -hy^2 + \frac{E}{8\mu} a^2. \end{cases}$$

Pour obtenir le coefficient C de la dernière série, multiplions les deux membres de la dernière équation par $\cos my\, dy$ et intégrons de $-\frac{b}{2}$ à $+\frac{b}{2}$; nous aurons

$$2 C m \cosh \frac{ma}{2} \int_{-\frac{b}{2}}^{\frac{b}{2}} \cos^2 my\, dy = -h \int_{-\frac{b}{2}}^{\frac{b}{2}} y^2 \cos my\, dy.$$

Nous avons ensuite

$$\int y^2 \cos my\, dy = \frac{1}{m} y^2 \sin my + \frac{2}{m^2} y \cos my - \frac{2}{m^3} \sin my,$$

$$\int_{-\frac{b}{2}}^{\frac{b}{2}} y^2 \cos my\, dy = \frac{2b}{m^2} (-1)^k.$$

et il en résulte

$$C_m = \frac{b^2 h}{4\pi^3} \frac{(-1)^{k+1}}{\cosh\left(\frac{ma}{2}\right)} \frac{1}{k^3}.$$

En multipliant les deux membres de la seconde équation (4) par dy et intégrant encore de $-\frac{b}{2}$ à $\frac{b}{2}$, on a

$$G = -\frac{hb^2}{12} + \frac{E}{\mu} \frac{a^2}{8}.$$

Nous avons ainsi

$$U_1 = A cy^2 + B x^3 + G x + \frac{b^3 h}{\pi^3} \sum_{k=1}^{\infty} \frac{(-1)^{k+1}}{\cosh\left(\frac{ma}{2}\right)} \frac{1}{k^3} \sinh(m x) \cos m y.$$

Portons cette valeur de U_1 dans les expressions de T_1 et T_2 données ci-dessus, et nous aurons

$$T_1 = \mu b_1 h \frac{b^2}{\pi^2} \sum_{k=1}^{\infty} \frac{(-1)^k}{k^2} \frac{\sinh(m x)}{\cosh\left(\frac{ma}{2}\right)} \sin m y,$$

$$T_2 = \mu b_1 \left(h y^2 - \frac{E}{2 \mu} x^2\right) + \mu b_1 G - \mu b_1 h \frac{b^2}{\pi^2} \sum_{k=1}^{\infty} \frac{(-1)^k}{k^2} \frac{\cosh(m x)}{\cosh\left(\frac{ma}{2}\right)} \cos m y.$$

D'après ce qui a été vu (n° 17), on a

$$b_1 = \frac{X}{E \int x^2 d\sigma} = \frac{3 X}{E a^3 h}.$$

Donc les valeurs de u, v, w et celles des forces élastiques sont complètement déterminées.

Désignons par x', y', z' les coordonnées de la courbe de flexion du prisme. Comme w est nul pour $x = 0$, $y = 0$, z' est égal à sa valeur primitive z, et nous aurons cette courbe en faisant $x = 0$, $y = 0$ dans u et v, et remplaçant u, v, z par x', y', z'; nous aurons ainsi

$$x' = \frac{b_1}{2}\left(l z'^2 - \frac{z'^3}{3}\right), \quad y' = 0.$$

Son rayon de courbure ρ est ainsi donné par la formule

$$\frac{1}{\rho} = \frac{d^2 x'}{d z'^2} = b_1(l - z'),$$

et il est en chaque point inversement proportionnel à la distance de ce point à l'extrémité libre.

Recherche de l'ellipsoïde d'élasticité dans un cylindre fléchi et tordu.

22. D'après les formules obtenues pour la déformation d'un cylindre, nous avons (n° 6) en chaque point de l'intérieur de ce corps les équations

$$N_1 = 0, \quad T_3 = 0, \quad N_2 = 0,$$

et l'équation, qui donne les forces élastiques principales (Chap. I, n° 11), devient

$$\Lambda^3 - N_3 \Lambda^2 - (T_1^2 + T_2^2)\Lambda = 0.$$

Cette équation du troisième degré a une racine nulle, et l'ellipsoïde d'élasticité se réduit à une ellipse.

Le plan sur lequel cette force élastique est nulle est parallèle à l'axe des z. En effet, si l'on désigne par m, n, p les cosinus directeurs de la normale à ce plan, on a, d'après les équations (j) [Chap. I, n° 11],

$$p = 0, \quad mT_2 + nT_1 = 0,$$

et, en faisant $m = \cos\alpha$, $n = \sin\alpha$, nous aurons

$$\tang\alpha = -\frac{T_2}{T_1}.$$

Les deux autres forces élastiques principales Λ_1 et Λ_2 sont renfermées dans ce plan et ont pour grandeur

$$-\frac{N_3}{2} \pm \sqrt{\frac{N_3^2}{4} + T_1^2 + T_2^2}.$$

D'après les équations (j) citées ci-dessus, les directions de ces deux forces élastiques sont données par les équations

$$\frac{m}{T_2} = \frac{n}{T_1} = \frac{p}{\Lambda} = \frac{1}{\sqrt{T_1^2 + T_2^2 + \Lambda^2}}$$

où l'on remplacera Λ par les valeurs de Λ_1 et Λ_2.

Soit M le point où l'on veut déterminer les deux forces élastiques principales; par ce point, menons MX, MY, MZ parallèles aux axes des coordonnées et égaux respectivement à T_2, T_1, Λ. Le plan de l'ellipse est déterminé par MZ et la résultante de T_1, T_2. Les deux forces élastiques principales Λ_1 et Λ_2, perpendiculaires entre elles, font avec Mz des angles dont les cosinus sont

$$p_1 = \frac{\Lambda_1}{\sqrt{T_1^2 + T_2^2 + \Lambda_1^2}}, \quad p_2 = \frac{\Lambda_2}{\sqrt{T_1^2 + T_2^2 + \Lambda_2^2}}.$$

Conditions de résistance à imposer aux corps solides.

23. Quand on veut appliquer des forces considérables à un corps solide, on recherche souvent quelles sont les plus grandes intensités qu'on peut donner à ces forces, pour qu'il ne se produise pas de déformation permanente et qu'il n'y ait pas danger de rupture. Alors, après avoir calculé les expressions des forces élastiques qui se développent dans le corps, on impose une limite à ces forces.

Cependant, il est beaucoup plus rationnel de rechercher les expressions des dilatations qui se produisent à l'intérieur du corps, afin d'exprimer que ces dilatations ne peuvent dépasser une certaine valeur. En effet, comme l'a remarqué Poncelet, ce ne sont pas les forces élastiques elles-mêmes, mais les dilatations qu'elles font naître, qui produisent la désagrégation de la matière. Suivant ce qui a été aussi reconnu par Poncelet, la compression en elle-même ne produit pas en général la désagrégation; ainsi, un corps comprimé uniformément sur toute sa surface ne se briserait pas. La rupture d'un corps comprimé dans un sens n'est due en général qu'à la dilatation qui provient de la compression et qui se produit perpendiculairement à la direction de cette compression.

Considérons cet exemple très simple donné par de Saint-Venant.

Prenons trois parallélépipèdes rectangles identiques et isotropes. Pour le premier, développons des tractions égales et uniformes sur toutes les faces; pour le deuxième, les mêmes tractions, mais seulement sur quatre faces opposées deux à deux; enfin, pour le troisième, n'exerçons ces tractions que sur deux faces opposées.

Les forces élastiques tangentielles sont nulles dans les trois cas, et les forces élastiques normales ont pour expressions

$$N_1 = (\lambda + 2\mu)\delta_x + \lambda\delta_y + \lambda\delta_z,$$
$$N_2 = \lambda\delta_x + (\lambda + 2\mu)\delta_y + \lambda\delta_z,$$
$$N_3 = \lambda\delta_x + \lambda\delta_y + (\lambda + 2\mu)\delta_z.$$

On en tire

$$\delta_x = \frac{\lambda + \mu}{\mu(3\lambda + 2\mu)}N_1 - \frac{\lambda}{2\mu(3\lambda + 2\mu)}(N_2 + N_3),$$
$$\delta_y = \frac{\lambda + \mu}{\mu(3\lambda + 2\mu)}N_2 - \frac{\lambda}{2\mu(3\lambda + 2\mu)}(N_3 + N_1),$$
$$\delta_z = \frac{\lambda + \mu}{\mu(3\lambda + 2\mu)}N_3 - \frac{\lambda}{2\mu(3\lambda + 2\mu)}(N_1 + N_2).$$

Dans le premier cas, on a

$$N_1 = N_2 = N_3, \qquad \delta_z = \frac{1}{3\lambda + 2\mu}N_3;$$

dans le deuxième cas,

$$N_2 = N_3, \qquad N_1 = 0, \qquad \delta_z = \frac{\lambda + 2\mu}{2\mu(3\lambda + 2\mu)}N_3,$$

et, dans le troisième,

$$N_1 = N_2 = 0, \qquad \delta_z = \frac{\lambda + \mu}{\mu(3\lambda + 2\mu)}N_3.$$

La quantité δ_z représente dans chaque cas la plus grande dilatation, et si, par exemple, λ est égal à μ, elle prend ces trois valeurs

$$\frac{1}{\lambda}\frac{N_3}{5}, \qquad \frac{1}{\lambda}\frac{3}{10}N_3, \qquad \frac{1}{\lambda}\frac{2}{5}N_3,$$

quantités très inégales, bien que la force élastique maximum reste la même dans les trois cas.

Le cas de traction le plus facile à réaliser dans l'expérience est le troisième : c'est celui d'une tige tirée suivant sa longueur. On peut constater par l'expérience la plus grande dilatation linéaire δ qu'on doit produire dans cette tige pour qu'il n'y ait pas déformation permanente. Suivant de Saint-Venant, dans les trois cas, il suffira de prendre $\delta_z < \delta$. Cela ne paraît pas exact. En effet, considérons dans le parallélépipède un filet parallèle à l'axe des z. Dans le troisième cas, ce filet, en s'allongeant suivant l'axe des z, se contracte perpendiculairement à cette direction, et cette contraction doit contribuer à la cohésion. Dans le premier cas, au contraire, la dilatation étant supposée la même suivant les axes des x et des y que suivant l'axe des z, il y aura élargissement du filet perpendiculairement à l'axe des z, ce qui produit une tendance à la désagrégation. La limite à assigner à δ_z doit donc être prise plus petite dans le premier cas que dans le troisième.

Supposons donc qu'on ait trouvé par l'expérience la plus grande valeur D qu'on doit donner à δ_z dans le cas d'un parallélépipède tiré uniformément suivant les normales à ces faces, on sera assuré de satisfaire à la condition de résistance d'un solide de même matière en exprimant que la plus grande dilatation y est partout plus petite que D.

24. On a obtenu (Chap. I, n° 11) l'équation du troisième degré qui donne les dilatations principales; elles sont positives ou négatives suivant qu'il y a véritable dilatation ou rétrécissement. Si les trois racines sont négatives, il n'y a que des compressions, et l'on n'a à satisfaire à aucune condition. Mais, si une au moins des racines est positive, désignons par δ' la plus grande racine.

Supposons d'abord le corps homogène et isotrope. Alors la plus grande valeur que doit prendre la dilatation sera la même en chaque point et dans tous les sens. Désignons par D cette valeur maximum déterminée, comme il a été dit ci-dessus. La condition, pour qu'il n'y ait pas de déformation permanente, sera qu'on ait en chaque point

$$\delta' < D.$$

Lorsque le corps est homogène, mais non isotrope, la valeur limite à donner à la dilatation linéaire varie avec la direction. Désignons par m, n, p les cosinus qui donnent la direction de la dilatation; de Saint-Venant pose

$$(a) \qquad D = A m^2 + B n^2 + C p^2,$$

A, B, C étant les valeurs de la limite de dilatation D dans les directions des axes des x, y, z, supposés des axes de symétrie. On pourra toujours prendre D de cette forme. En effet, si, par le point considéré M du corps, on mène des droites dont la longueur est donnée par la formule (a) et dans la direction (m, n, p), les extrémités de ces droites formeront une surface. Concevons ensuite qu'on ait la véritable surface des dilatations maxima, obtenue en menant par le point M des rayons vecteurs égaux à ces dilatations. Construisons alors une surface de la forme (a) intérieure à la précédente et qui en soit aussi rapprochée que possible. On pourra évidemment prendre cette surface pour celle des dilatations maxima.

On aura alors satisfait aux conditions de la résistance du corps si l'on vérifie que la dilatation, en chaque point de ce corps et dans toute direction, est plus petite que D.

Conditions de résistance permanente d'un cylindre.

25. Nous considérons un cylindre qui n'est sollicité par des forces qu'à ses deux extrémités, conformément au problème de de Saint-Venant, et il s'agit d'établir les conditions de sa résistance.

On a obtenu, au n° 7, les équations

$$\partial_x = \partial_y = -h\partial_z, \qquad g_{xy} = 0.$$

Donc l'équation du troisième degré, qui donne la grandeur ∂ des dilatations principales (Chap. I, n° 16), devient

$$(\partial - \partial_x)\left[(\partial - \partial_x)(\partial - \partial_z) - \frac{g_{zx}^2 + g_{zy}^2}{4}\right] = 0,$$

et ses racines sont

$$\partial = \partial_x, \qquad \partial = \frac{1-h}{2}\partial_z \pm \tfrac{1}{2}\sqrt{(1+h)^2\partial_z^2 + g_{zx}^2 + g_{zy}^2}.$$

Supposons maintenant le cylindre isotrope. Regardons ∂_z comme positif et exprimons que la plus grande dilatation est plus petite que la limite D; nous aurons ainsi

$$(a) \qquad \frac{1-h}{2}\partial_z + \frac{1}{2}\sqrt{(1+h)^2\partial_z^2 + g_{zx}^2 + g_{zy}^2} < D.$$

On peut écrire cette inégalité sous une autre forme. On a, en effet, (n° 7)
$$T_2 = \mu g_{zx}, \quad T_1 = \mu g_{zy}, \quad N_3 = E \delta_z,$$

avec les égalités (Chap. II, n° 4)
$$E = \frac{\mu(3\lambda + 2\mu)}{\lambda + \mu}, \quad h = \frac{\lambda}{2(\lambda + \mu)},$$

dont on tire
$$\mu = \frac{E}{2(1+h)}.$$

Ainsi l'inégalité (a) peut s'écrire
$$\frac{1-h}{2} N_3 + (1+h)\sqrt{\frac{N_3^2}{4} + T_1^2 + T_2^2} < ED.$$

Nous avons supposé δ_z positif, et le cylindre était étiré. S'il y a, au contraire, compression du prisme suivant sa longueur, la rupture ne peut se produire que par des dilatations transversales. La quantité δ_z étant alors négative, posons
$$\delta_z = -\delta'_z;$$

nous aurons
$$\delta_x = -h\delta_z = h\delta'_z.$$

C'est la quantité δ_x qui ne doit pas dépasser la limite D, et l'on aura à satisfaire à l'inégalité
$$h\delta'_z < D.$$

CHAPITRE IV.

ÉQUATIONS DE L'ÉLASTICITÉ EN COORDONNÉES CURVILIGNES.

Nous allons nous occuper, dans ce Chapitre, d'établir les équations de l'élasticité en coordonnées curvilignes. Ce sujet a été traité pour la première fois par Lamé, avec une grande habileté, dans le *Journal de Liouville*, 1841. Nous sommes déjà entré dans quelques considérations sur la théorie des coordonnées curvilignes dans le Chapitre II du *Cours de Physique mathématique* et dans le Chapitre IV de la *Théorie du potentiel*. Il sera utile ici de rappeler d'abord quelques principes généraux de cette théorie.

Rappel des principes de la théorie des coordonnées curvilignes.

1. Considérons un triple système de surfaces rapportées à des axes rectangulaires et tel que les surfaces de chaque système soient orthogonales sur les surfaces des deux autres systèmes. Alors chaque surface d'un des systèmes est coupée par les deux autres systèmes suivant ses lignes de courbure. Soient

$$f(x,y,z) = \rho, \quad f_1(x,y,z) = \rho_1, \quad f_2(x,y,z) = \rho_2$$

les équations de ces surfaces, où ρ, ρ_1, ρ_2 désignent leurs paramètres variables. Tout point M de l'espace, au lieu d'être défini par ses coordonnées rectilignes x, y, z, peut l'être par ρ, ρ_1, ρ_2, qui sont appelés ses *coordonnées curvilignes*.

Désignons par s, s_1, s_2 les trois arcs suivant lesquels se coupent les trois surfaces orthogonales qui passent par le point M, les arcs s, s_1, s_2

étant respectivement normaux aux surfaces ρ, ρ_1, ρ_2. Posons

$$\left(\frac{d\rho}{dx}\right)^2 + \left(\frac{d\rho}{dy}\right)^2 + \left(\frac{d\rho}{dz}\right)^2 = h^2,$$

$$\left(\frac{d\rho_1}{dx}\right)^2 + \left(\frac{d\rho_1}{dy}\right)^2 + \left(\frac{d\rho_1}{dz}\right)^2 = h_1^2,$$

$$\left(\frac{d\rho_2}{dx}\right)^2 + \left(\frac{d\rho_2}{dy}\right)^2 + \left(\frac{d\rho_2}{dz}\right)^2 = h_2^2.$$

Le carré de la ligne infiniment petite qui joint le point (x, y, z) au point $(x+dx, y+dy, z+dz)$ sera donné par cette formule

$$dx^2 + dy^2 + dz^2 = \frac{1}{h^2} d\rho^2 + \frac{1}{h_1^2} d\rho_1^2 + \frac{1}{h_2^2} d\rho_2^2,$$

et les éléments des lignes s, s_1, s_2 au point M seront

(B) $\qquad ds = \frac{d\rho}{h}, \qquad ds_1 = \frac{d\rho_1}{h_1}, \qquad ds_2 = \frac{d\rho_2}{h_2}.$

On peut exprimer les rayons de courbure principaux de ces surfaces au moyen des quantités h, h_1, h_2. Désignons, en général, par r_{ij} le rayon de courbure de la surface ρ_j suivant l'arc s_i; i, j sont deux des nombres 0, 1, 2 pris inégaux.

Fig. 1.

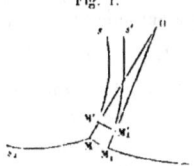

A partir du point M (*fig.* 1), portons sur l'arc s_1 la longueur $MM_1 = ds_1$, et nous aurons

(C) $\qquad ds_1 = \frac{d\rho_1}{h_1}.$

Les normales élevées en M et M_1 à la surface ρ se rencontreront en un point O. L'arc s qui passe par M, est représenté par $M_1 s'$, et il est tangent à $M_1 O$.

Pour un accroissement $d\rho$ de ρ, l'arc ds_1 se change en $M'M'_1 = ds'_1$ compris entre Ms et $M_1 s'$, mais qui peut être remplacé par la partie de la même ligne interceptée entre MO et $M_1 O$. On en déduit

$$\frac{ds'_1}{ds_1} = \frac{r_{10} - ds}{r_{10}}$$

ou

$$ds'_1 - ds_1 = -\frac{ds\, dt_1}{r_{10}} = -\frac{1}{r_{10}} \frac{d\rho}{h} \frac{d\rho_1}{h_1}.$$

Le premier membre de cette formule représente la variation de ds_1 quand on passe de M à M' ou quand ρ s'accroît de $d\rho$. Nous aurons donc, en différentiant l'équation (C) par rapport à ρ,

$$ds'_1 - ds_1 = -\frac{1}{h_1^2} \frac{dh_1}{d\rho} d\rho\, d\rho_1.$$

Enfin, des deux dernières équations on tire

(D) $$\frac{1}{r_{10}} = \frac{h}{h_1} \frac{dh_1}{d\rho}.$$

Dans le cas de la figure actuelle, r_{10} est considéré comme positif; ds'_1 est plus petit que ds_1, et, par suite, $\frac{dh_1}{d\rho}$ est positif. On voit que le rayon de courbure principal r_{10} de la surface ρ est dirigé dans le sens suivant lequel le paramètre ρ et l'arc s croissent.

Si le rayon de courbure r_{10} est dirigé en sens contraire, la formule (D) subsistera encore, pourvu qu'on regarde alors r_{10} comme une quantité négative; en effet, ds'_1 sera plus grand que ds_1, et $\frac{dh_1}{d\rho}$ sera négatif.

De la formule (D) on déduit ensuite les six formules renfermées dans la suivante :

$$\frac{1}{r_{ij}} = \frac{h_j}{h_i} \frac{dh_i}{d\rho_j}.$$

Expressions des dilatations, des glissements et des rotations en coordonnées curvilignes.

2. Désignons par l une ligne infiniment petite située dans un corps et par δl l'accroissement de cette ligne, provenant de la déformation du corps; nous aurons cette formule obtenue (Chap. I, n° 13)

$$\frac{\delta l}{l} = \delta_x \cos^2\alpha + \delta_y \cos^2\beta + \delta_z \cos^2\gamma$$
$$+ g_{yz}\cos\beta\cos\gamma + g_{zx}\cos\gamma\cos\alpha + g_{xy}\cos\alpha\cos\beta.$$

Soit M l'origine de la droite l. Considérons un triple système de surfaces orthogonales, et soient s, s_1, s_2 les intersections de ces surfaces qui passent par le point M. Menons en M à ces courbes les tangentes Mx', My', Mz' et prenons-les pour axes de x', y', z'. La formule précédente peut être appliquée par rapport à ces axes de coordonnées.

Les quantités $\delta_{x'}$, $\delta_{y'}$, $\delta_{z'}$ seront les dilatations suivant les normales aux surfaces ρ, ρ_1, ρ_2, et $g_{y'z'}$, $g_{z'x'}$, $g_{x'y'}$ seront les glissements sur les éléments des plans tangents en M. Nous aurons ainsi

$$(1) \quad \begin{cases} \dfrac{\delta l}{l} = \delta_{x'}\cos^2\alpha + \ldots + g_{y'z'}\cos\beta\cos\gamma + \ldots \\ = \dfrac{du'}{dx'}\cos^2\alpha + \ldots + \left(\dfrac{dv'}{dz'} + \dfrac{dw'}{dy'}\right)\cos\beta\cos\gamma + \ldots, \end{cases}$$

α, β, γ étant les angles de l avec les nouveaux axes.

Cherchons maintenant à exprimer $\dfrac{\delta l}{l}$ en coordonnées curvilignes. Nous avons

$$l^2 = dx'^2 + dy'^2 + dz'^2 = \frac{d\rho^2}{h^2} + \frac{d\rho_1^2}{h_1^2} + \frac{d\rho_2^2}{h_2^2}$$

et, en différentiant selon δ,

$$l\,\delta l = \frac{d\rho}{h}\delta\frac{d\rho}{h} + \frac{d\rho_1}{h_1}\delta\frac{d\rho_1}{h_1} + \frac{d\rho_2}{h_2}\delta\frac{d\rho_2}{h_2}$$
$$= \frac{d\rho}{h}\left(\frac{d\,\delta\rho}{h} - \frac{d\rho}{h}\frac{\delta h}{h}\right) + \frac{d\rho_1}{h_1}\left(\frac{d\,\delta\rho_1}{h_1} - \frac{d\rho_1}{h_1}\frac{\delta h_1}{h_1}\right) + \frac{d\rho_2}{h_2}\left(\frac{d\,\delta\rho_2}{h_2} - \frac{d\rho_2}{h_2}\frac{\delta h_2}{h_2}\right).$$

ÉQUATIONS DE L'ÉLASTICITÉ EN COORDONNÉES CURVILIGNES.

Nous avons ensuite

$$d\,\delta\rho = \frac{d\,\delta\rho}{d\rho}d\rho + \frac{d\,\delta\rho}{d\rho_1}d\rho_1 + \frac{d\,\delta\rho}{d\rho_2}d\rho_2, \quad \ldots$$

et il en résulte

$$l\,\delta l = \left(\frac{d\,\delta\rho}{d\rho} - \frac{\delta h}{h}\right)\frac{d\rho^2}{h^2} + \left(\frac{d\,\delta\rho_1}{d\rho_1} - \frac{\delta h_1}{h_1}\right)\frac{d\rho_1^2}{h_1^2} + \left(\frac{d\,\delta\rho_2}{d\rho_2} - \frac{\delta h_2}{h_2}\right)\frac{d\rho_2^2}{h_2^2}$$
$$+ \left(\frac{h_2}{h_1}\frac{d\,\delta\rho_1}{d\rho_2} + \frac{h_1}{h_2}\frac{d\,\delta\rho_2}{d\rho_1}\right)\frac{d\rho_1}{h_1}\frac{d\rho_2}{h_2} + \ldots.$$

Divisons par l^2 et remarquons les égalités

$$\frac{d\rho}{hl} = \frac{ds}{l} = \cos\alpha, \qquad \frac{d\rho_1}{h_1 l} = \cos\beta, \qquad \frac{d\rho_2}{h_2 l} = \cos\gamma;$$

nous aurons

$$\frac{\delta l}{l} = \left(\frac{d\,\delta\rho}{d\rho} - \frac{\delta h}{h}\right)\cos^2\alpha + \ldots + \left(\frac{h_2}{h_1}\frac{d\,\delta\rho_1}{d\rho_2} + \frac{h_1}{h_2}\frac{d\,\delta\rho_2}{d\rho_1}\right)\cos\beta\cos\gamma + \ldots.$$

En comparant cette formule avec (1), nous aurons

(2) $$\delta_x = \frac{du'}{dx'} = \frac{d\,\delta\rho}{d\rho} - \frac{\delta h}{h},$$

(3) $$g_{y'z'} = \frac{dv'}{dz'} + \frac{dw'}{dy'} = \frac{h_2}{h_1}\frac{d\,\delta\rho_1}{d\rho_2} + \frac{h_1}{h_2}\frac{d\,\delta\rho_2}{d\rho_1}.$$

Désignons maintenant par R, R_1, R_2 les projections sur les axes des x', y', z' du déplacement du point M qui résulte de la déformation. Comme $\delta\rho$, $\delta\rho_1$, $\delta\rho_2$ seront les variations éprouvées par ρ, ρ_1, ρ_2, nous aurons, d'après les formules (B) [n° 1],

$$R = \frac{\delta\rho}{h}, \qquad R_1 = \frac{\delta\rho_1}{h_1}, \qquad R_2 = \frac{\delta\rho_2}{h_2}.$$

On a aussi

$$\delta h = \frac{dh}{d\rho}\delta\rho + \frac{dh}{d\rho_1}\delta\rho_1 + \frac{dh}{d\rho_2}\delta\rho_2,$$

et, d'après cela, les formules (2) et (3) deviennent

$$\delta_x = \frac{d.Rh}{d\rho} - \frac{1}{h}\left(\frac{dh}{d\rho}Rh + \frac{dh}{d\rho_1}R_1h_1 + \frac{dh}{d\rho_2}R_2h_2\right).$$

$$g_{yz} = \frac{h_2}{h_1}\frac{d.R_1h_1}{d\rho_2} + \frac{h_1}{h_2}\frac{d.R_2h_2}{d\rho_1}.$$

Par une permutation sur les indices, on obtiendra les formules relatives aux deux autres dilatations et aux deux autres glissements.

3. Le calcul précédent nous donne dans les glissements les sommes de deux dérivées de u', v', w' prises respectivement par rapport à y', z', à z', x' et à x', y'. Nous pouvons obtenir ces six dérivées séparément, et il nous suffira de calculer une de ces dérivées, les autres pouvant s'en déduire par analogie.

Posons

$$(4) \qquad \sigma = \frac{dv'}{dx'}.$$

D'après ce que nous avons vu (Chap. I, n° 14), σ désigne l'angle dont Mx' tourne vers My' par suite de la déformation (*fig.* 2). Soit M' un point pris sur l'arc s et infiniment voisin de M; menons-y la tangente $M'T$ et désignons par τ l'angle infiniment petit formé par $M'T$ avec Mx'; nous aurons

$$\tan\tau = \frac{dy'}{dx'},$$

et σ sera évidemment égal à l'angle dont tournera $M'T$.

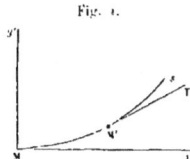

Fig. 1.

Par suite de la déformation, les coordonnées dx', dy' du point M' se changeront en $dx' + du'$, $dy' + dv'$, et l'angle τ se changera en $\tau + \sigma$;

ainsi, nous aurons

$$\tan(\tau + \sigma) = \frac{dy' + dv'}{dx' + du'} = \frac{dy'}{dx'}\left(1 + \frac{dv'}{dy'} - \frac{du'}{dx'}\right),$$

$$\tan\tau + \frac{\sigma}{\cos^2\tau} = \tan\tau\left(1 + \frac{dv'}{\sin\tau\, ds} - \frac{du'}{\cos\tau\, ds}\right).$$

On en déduit

$$\sigma = \cos\tau\frac{dv'}{ds} - \sin\tau\frac{du'}{ds}.$$

Or, au point M', les valeurs de R et R_1 sont

$$R = u'\cos\tau + v'\sin\tau,$$
$$R_1 = v'\cos\tau - u'\sin\tau,$$

et il en résulte

$$\frac{dR_1}{ds} = \cos\tau\frac{dv'}{ds} - \sin\tau\frac{du'}{ds} - (v'\sin\tau + u'\cos\tau)\frac{d\tau}{ds}.$$

Or $\frac{d\tau}{ds}$ représente la courbure de la surface ρ_2 suivant l'arc s, et l'on a

$$\frac{d\tau}{ds} = \frac{1}{r_{01}} = \frac{h_1}{h}\frac{dh}{d\rho_1}.$$

On a donc

$$\frac{dR_1}{ds} = \cos\tau\frac{dv'}{ds} - \sin\tau\frac{du'}{ds} - \frac{R}{r_{01}};$$

par suite

$$\sigma = \frac{dR_1}{ds} + \frac{R}{r_{01}}.$$

Enfin, d'après la formule (4), on obtient

$$(5) \qquad \frac{dv'}{dx'} = \frac{dR_1}{ds} + \frac{R}{r_{01}} = h\frac{dR_1}{d\rho_2} + R\frac{h_1}{h}\frac{dh}{d\rho_1}.$$

En permutant les indices 0 et 1 dans cette formule, on trouve

$$(6) \qquad \frac{du'}{dy'} = \frac{dR}{ds_1} + \frac{R_1}{r_{10}} = h_1\frac{dR}{d\rho_1} + R_1\frac{h}{h_1}\frac{dh_1}{d\rho_2}.$$

Enfin, en ajoutant ces deux dernières formules, on obtient

$$g_{x'y'} = \frac{h_1}{h} \frac{d.Rh}{d\rho_1} + \frac{h}{h_1} \frac{d.R_1 h_1}{d\rho},$$

ce qui s'accorde avec ce que nous avons trouvé ci-dessus pour les glissements.

4. Il y a d'autres quantités qui se composent des mêmes dérivées que les glissements : ce sont les doubles des rotations de l'élément du corps, situé à l'origine des x', y', z', autour de ces axes (Chap. I, n° 15); elles sont données par les formules

$$\Psi = \frac{dw'}{dy'} - \frac{dv'}{dz'}, \quad \Psi_1 = \frac{du'}{dz'} - \frac{dw'}{dx'}, \quad \Psi_2 = \frac{dv'}{dx'} - \frac{du'}{dy'}.$$

D'après les formules (5) et (6), nous aurons

$$\Psi_2 = h h_1 \left[\frac{d}{d\rho} \left(\frac{R_1}{h_1} \right) - \frac{d}{d\rho_1} \left(\frac{R}{h} \right) \right];$$

nous aurons de même

$$\Psi = h_1 h_2 \left[\frac{d}{d\rho_1} \left(\frac{R_2}{h_2} \right) - \frac{d}{d\rho_2} \left(\frac{R_1}{h_1} \right) \right],$$

$$\Psi_1 = h_2 h \left[\frac{d}{d\rho_2} \left(\frac{R}{h} \right) - \frac{d}{d\rho} \left(\frac{R_2}{h_2} \right) \right].$$

Expressions des forces élastiques à l'intérieur d'un corps isotrope.

5. Désignons par A, A_1, A_2 les forces élastiques normales qui agissent respectivement sur les plans des $y'z'$, des $z'x'$, des $x'y'$ et par ε_{12}, ε_{20}, ε_{01} les forces élastiques tangentielles exercées sur ces plans. Représentons aussi par υ la dilatation de volume, et nous aurons (Chap. II, n° 1)

$$\upsilon = \delta_x + \delta_y + \delta_z;$$

$$A = \lambda \upsilon + 2\mu \delta_x, \quad A_1 = \lambda \upsilon + 2\mu \delta_y, \quad A_2 = \lambda \upsilon + 2\mu \delta_z;$$

$$\varepsilon_{12} = \mu g_{yz}, \quad \varepsilon_{20} = \mu g_{zx}, \quad \varepsilon_{01} = \mu g_{xy}.$$

Donc, d'après les formules qui viennent d'être obtenues, nous aurons

ÉQUATIONS DE L'ÉLASTICITÉ EN COORDONNÉES CURVILIGNES.   115

les expressions suivantes des forces élastiques en coordonnées curvilignes :

$$\sigma = h h_1 h_2 \left[\frac{d}{d\rho}\left(\frac{R}{h_1 h_2}\right) + \frac{d}{d\rho_1}\left(\frac{R_1}{h_2 h}\right) + \frac{d}{d\rho_2}\left(\frac{R_2}{h h_1}\right) \right];$$

$$\Lambda = \lambda \sigma + 2\mu \left[\frac{d.Rh}{d\rho} - \frac{1}{h}\left(\frac{dh}{d\rho} R h + \frac{dh}{d\rho_1} R_1 h_1 + \frac{dh}{d\rho_2} R_2 h_2\right) \right],$$

$$\Lambda_1 = \lambda \sigma + 2\mu \left[\frac{d.R_1 h_1}{d\rho_1} - \frac{1}{h_1}\left(\frac{dh_1}{d\rho} R h + \frac{dh_1}{d\rho_1} R_1 h_1 + \frac{dh_1}{d\rho_2} R_2 h_2\right) \right],$$

$$\Lambda_2 = \lambda \sigma + 2\mu \left[\frac{d.R_2 h_2}{d\rho_2} - \frac{1}{h_2}\left(\frac{dh_2}{d\rho} R h + \frac{dh_2}{d\rho_1} R_1 h_1 + \frac{dh_2}{d\rho_2} R_2 h_2\right) \right];$$

$$\tilde{\varepsilon}_{12} = \mu \left(\frac{h_2}{h_1} \frac{d.R_1 h_1}{d\rho_2} + \frac{h_1}{h_2} \frac{d.R_2 h_2}{d\rho_1} \right),$$

$$\tilde{\varepsilon}_{20} = \mu \left(\frac{h}{h_2} \frac{d.R_2 h_2}{d\rho} + \frac{h_2}{h} \frac{d.R h}{d\rho_2} \right),$$

$$\tilde{\varepsilon}_{01} = \mu \left(\frac{h_1}{h} \frac{d.R h}{d\rho_1} + \frac{h}{h_1} \frac{d.R_1 h_1}{d\rho} \right).$$

On peut présenter les expressions des forces élastiques d'une autre manière, en introduisant les rayons de courbure principaux des surfaces orthogonales.

Les dérivées de u', v', w' exprimées à l'aide des rayons de courbure principaux des surfaces orthogonales.

6. On peut faire disparaître complètement des formules précédentes les quantités h, h_1, h_2, en introduisant les différentiations par rapport aux arcs s, s_1, s_2 et les rayons de courbure principaux des surfaces orthogonales.

Nous avons obtenu ci-dessus les deux premières des six formules semblables suivantes :

$$(a) \begin{cases} \dfrac{dv'}{dx'} = \dfrac{dR_1}{ds} + \dfrac{R}{r_{01}}, & \dfrac{du'}{dy'} = \dfrac{dR}{ds_1} + \dfrac{R_1}{r_{10}}, \\[6pt] \dfrac{dw'}{dy'} = \dfrac{dR_2}{ds_1} + \dfrac{R_1}{r_{12}}, & \dfrac{dv'}{dz'} = \dfrac{dR_1}{ds_2} + \dfrac{R_2}{r_{21}}, \\[6pt] \dfrac{du'}{dz'} = \dfrac{dR}{ds_2} + \dfrac{R_2}{r_{20}}, & \dfrac{dw'}{dx'} = \dfrac{dR_2}{ds} + \dfrac{R}{r_{02}}. \end{cases}$$

Nous avons aussi trouvé (n° 2) pour $\delta_{x'}$ une formule qui peut s'écrire

$$\frac{du'}{dx'} = h\frac{dR}{d\rho} - R_1 \frac{h_1}{h}\frac{dh}{d\rho_1} - R_2 \frac{h_2}{h}\frac{dh}{d\rho_2}.$$

Nous en concluons la première des trois formules semblables

(b)
$$\begin{cases} \dfrac{du'}{dx'} = \dfrac{dR}{ds} - \dfrac{R_1}{r_{01}} - \dfrac{R_2}{r_{02}}, \\ \dfrac{dv'}{dy'} = \dfrac{dR_1}{ds_1} - \dfrac{R_2}{r_{12}} - \dfrac{R}{r_{10}}, \\ \dfrac{dw'}{dz'} = \dfrac{dR_2}{ds_2} - \dfrac{R}{r_{20}} - \dfrac{R_1}{r_{21}} \end{cases}$$

Les formules (b) fournissent les dilatations linéaires. En ajoutant les deux formules (a) de chaque ligne horizontale, on obtiendra les glissements g_{xy}, g_{yz}, g_{zx}; en les retranchant, on aura les doubles rotations ω, ω_1, ω_2. Enfin, des dilatations et des glissements, on conclura les forces élastiques.

Travail des forces élastiques dans un corps isotrope.

7. On a, pour le travail des forces élastiques développées dans un corps isotrope,

$$\mathfrak{I} = -\mu\int\left[\delta_x^2 + \delta_y^2 + \delta_z^2 + \tfrac{1}{2}g_{yz}^2 + \tfrac{1}{2}g_{zx}^2 + \tfrac{1}{2}g_{xy}^2 + \frac{\lambda}{2\mu}(\delta_x + \delta_y + \delta_z)^2\right]d\varpi,$$

l'intégrale étant étendue à tous les éléments $d\varpi$ du volume du corps (Chap. II, n° 6).

Cette intégrale pourrait être mise immédiatement en coordonnées curvilignes; mais auparavant nous allons lui donner une autre forme. La quantité soumise au signe d'intégration peut s'écrire ainsi

$$\frac{\lambda + 2\mu}{2\mu}\left(\frac{du}{dx} + \frac{dv}{dy} + \frac{dw}{dz}\right)^2$$
$$+ \tfrac{1}{2}\left(\frac{dv}{dz} - \frac{dw}{dy}\right)^2 + \tfrac{1}{2}\left(\frac{dw}{dx} - \frac{du}{dz}\right)^2 + \tfrac{1}{2}\left(\frac{du}{dy} - \frac{dv}{dx}\right)^2$$
$$+ 2\left(\frac{dv}{dz}\frac{dw}{dy} - \frac{dv}{dz}\frac{dw}{dy}\right) + 2\left(\frac{dw}{dx}\frac{du}{dz} - \frac{du}{dx}\frac{dw}{dz}\right) + 2\left(\frac{du}{dy}\frac{dv}{dx} - \frac{dv}{dy}\frac{du}{dx}\right).$$

ÉQUATIONS DE L'ÉLASTICITÉ EN COORDONNÉES CURVILIGNES.   117

Or l'intégrale de la troisième ligne, multipliée par $d\varpi$ et étendue au volume entier du corps, se réduit à une intégrale superficielle. En effet, nous avons

$$\int \frac{dv}{dz}\frac{dw}{dy}dy = \frac{dv}{dz}w - \int w \frac{d^2v}{dy\,dz}dy,$$

$$\int \frac{dv}{dy}\frac{dw}{dz}dz = \frac{dv}{dy}w - \int w \frac{d^2v}{dy\,dz}dz,$$

et, en désignant par μ et ν les angles de la normale à la surface du corps avec les axes des y et z, on en déduit

$$\int \left(\frac{dv}{dz}\frac{dw}{dy} - \frac{dv}{dy}\frac{dw}{dz}\right) d\varpi = \int \left(\frac{dv}{dz}\cos\mu - \frac{dv}{dy}\cos\nu\right) w\,d\sigma,$$

$d\sigma$ étant l'élément de la surface du corps. Le même raisonnement peut être appliqué à deux intégrales semblables.

D'après cela, désignons par $\tilde{s}'$ ce que devient $\tilde{s}$, quand on en supprime une intégrale superficielle, et nous aurons

$$\tilde{s}' = -\frac{\mu}{2}\int\int \left[\frac{\lambda+2\mu}{\mu}\rho^2 + \left(\frac{dv}{dz} - \frac{dw}{dy}\right)^2 + \left(\frac{dw}{dx} - \frac{du}{dz}\right)^2 + \left(\frac{du}{dy} - \frac{dv}{dx}\right)^2\right] d\varpi.$$

Les quantités $\frac{dv}{dz} - \frac{dw}{dy}$, ... sont les doubles rotations autour des axes des x, y, z, et la quantité soumise au signe d'intégration est invariable par la transformation de coordonnées. Pour employer les coordonnées curvilignes, nous remplacerons d'abord cette expression par

$$\tilde{s}' = -\frac{\mu}{2}\int\int \left[\frac{\lambda+2\mu}{\mu}\rho^2 + \left(\frac{dv'}{dz'} - \frac{dw'}{dy'}\right)^2 + \left(\frac{dw'}{dx'} - \frac{du'}{dz'}\right)^2 + \left(\frac{du'}{dy'} - \frac{dv'}{dx'}\right)^2\right] d\varpi.$$

x', y', z' étant des coordonnées dont les axes varient d'un élément à l'autre du volume. Enfin, d'après les notations ci-dessus, nous aurons

$$\tilde{s}' = -\frac{\mu}{2}\int\int \left(\frac{\lambda+2\mu}{\mu}\rho^2 + \Psi_1^2 + \Psi_2^2 + \Psi_3^2\right) d\varpi.$$

Équations de l'équilibre d'élasticité dans un corps isotrope.

8. Calculons la variation $\delta \mathcal{F}$, résultant d'une déformation infiniment petite. Nous aurons

$$\delta \mathcal{F} = -\mu \int \left(\frac{\lambda + 2\mu}{\mu} \, \upsilon \, \delta \upsilon + \mathcal{P} \, \delta \mathcal{P} + \mathcal{P}_1 \, \delta \mathcal{P}_1 + \mathcal{P}_2 \, \delta \mathcal{P}_2 \right) d\varpi.$$

Nous avons ensuite

$$\int \upsilon \, \delta \upsilon \, d\varpi = \int \upsilon \left(\frac{d \frac{\partial R}{h_1 h_2}}{d\rho} + \frac{d \frac{\partial R_1}{h_2 h}}{d\rho_1} + \frac{d \frac{\partial R_2}{h h_1}}{d\rho_2} \right) d\rho \, d\rho_1 \, d\rho_2;$$

intégrons par parties, en marquant seulement par des points une intégrale superficielle qui ne doit pas nous servir, et nous aurons

$$\int \upsilon \, \delta \upsilon \, d\varpi = - \int \left(\frac{1}{h_1 h_2} \frac{d\upsilon}{d\rho} \delta R + \frac{1}{h_2 h} \frac{d\upsilon}{d\rho_1} \delta R_1 + \frac{1}{h h_1} \frac{d\upsilon}{d\rho_2} \delta R_2 \right) d\varpi + \ldots$$

Posons

$$\mathcal{P} = -h \cdot \Lambda, \qquad \mathcal{P}_1 = -h_1 \mathfrak{B}, \qquad \mathcal{P}_2 = -h_2 \mathfrak{C},$$

et nous aurons

$$\int \mathcal{P} \, \delta \mathcal{P} \, d\varpi = \int \Lambda \left(\frac{d \frac{\partial R_1}{h_1}}{d\rho_2} - \frac{d \frac{\partial R_2}{h_2}}{d\rho_1} \right) d\rho \, d\rho_1 \, d\rho_2$$

ou, en négligeant encore une intégrale superficielle,

$$\int \mathcal{P} \, \delta \mathcal{P} \, d\varpi = - \int \left(\frac{1}{h_1} \frac{d\Lambda}{d\rho_2} \delta R_1 - \frac{1}{h_2} \frac{d\Lambda}{d\rho_1} \delta R_2 \right) d\rho \, d\rho_1 \, d\rho_2 + \ldots$$

On a de même

$$\int \mathcal{P}_1 \, \delta \mathcal{P}_1 \, d\varpi = - \int \left(\frac{1}{h_2} \frac{d\mathfrak{B}}{d\rho} \delta R_2 - \frac{1}{h} \frac{d\mathfrak{B}}{d\rho_2} \delta R \right) d\rho \, d\rho_1 \, d\rho_2 + \ldots$$

$$\int \mathcal{P}_2 \, \delta \mathcal{P}_2 \, d\varpi = - \int \left(\frac{1}{h} \frac{d\mathfrak{C}}{d\rho_1} \delta R - \frac{1}{h_1} \frac{d\mathfrak{C}}{d\rho} \delta R_1 \right) d\rho \, d\rho_1 \, d\rho_2 + \ldots$$

Décomposons les forces extérieures suivant les trois normales aux surfaces ρ, ρ_1, ρ_2, menées en chaque point du corps, et désignons par F, F_1, F_2 les sommes de ces composantes. Représentons aussi par $(\delta \mathcal{F})$ ce qui reste de $\delta \mathcal{F}$, quand on en supprime les intégrales superficielles indiquées ci-dessus, et nous aurons, pour l'équilibre, d'après l'équation générale du principe des vitesses virtuelles,

$$(\delta \mathcal{F}) + \int (F \, \delta R + F_1 \, \delta R_1 + F_2 \, \delta R_2) \, d\varpi = 0,$$

en négligeant les conditions à la surface du corps.

Après avoir remplacé $(\delta \mathcal{F})$ par sa valeur dans cette équation, égalons à zéro les coefficients de δR, δR_1, δR_2 sous le signe commun d'intégration, et nous aurons ces équations obtenues par Lamé et relatives à l'équilibre d'élasticité d'un corps isotrope

(L.) $\begin{cases} \dfrac{d \mathfrak{v}}{d \rho_2} - \dfrac{d \mathfrak{S}}{d \rho_1} = \dfrac{\lambda + 2 \mu}{\mu} \dfrac{h}{h_1 h_2} \dfrac{d\vartheta}{d\rho} + \dfrac{1}{\mu} \dfrac{F}{h_1 h_2}, \\[4pt] \dfrac{d \mathfrak{S}}{d \rho} - \dfrac{d \mathfrak{u}}{d \rho_2} = \dfrac{\lambda + 2 \mu}{\mu} \dfrac{h_1}{h_2 h} \dfrac{d\vartheta}{d\rho_1} + \dfrac{1}{\mu} \dfrac{F_1}{h_2 h}, \\[4pt] \dfrac{d \mathfrak{u}}{d \rho_1} - \dfrac{d \mathfrak{v}}{d \rho} = \dfrac{\lambda + 2 \mu}{\mu} \dfrac{h_2}{h h_1} \dfrac{d\vartheta}{d\rho_2} + \dfrac{1}{\mu} \dfrac{F_2}{h h_1}, \end{cases}$

$\mathfrak{u}, \mathfrak{v}, \mathfrak{S}$ étant fournis par les équations (n° 4)

(M) $\begin{cases} \dfrac{d}{d\rho_2}\left(\dfrac{R_1}{h_1}\right) - \dfrac{d}{d\rho_1}\left(\dfrac{R_2}{h_2}\right) = \dfrac{h}{h_1 h_2} \mathfrak{u}, \\[4pt] \dfrac{d}{d\rho}\left(\dfrac{R_2}{h_2}\right) - \dfrac{d}{d\rho_2}\left(\dfrac{R}{h}\right) = \dfrac{h_1}{h_2 h} \mathfrak{v}, \\[4pt] \dfrac{d}{d\rho_1}\left(\dfrac{R}{h}\right) - \dfrac{d}{d\rho}\left(\dfrac{R_1}{h_1}\right) = \dfrac{h_2}{h h_1} \mathfrak{S}. \end{cases}$

Si, au lieu des équations de l'équilibre d'élasticité du corps, on voulait avoir celles de son mouvement vibratoire, on ajouterait, dans les équations précédentes, aux forces F, F_1, F_2 respectivement les forces d'inertie

$$- m \frac{d^2 R}{dt^2}, \quad - m \frac{d^2 R_1}{dt^2}, \quad - m \frac{d^2 R_2}{dt^2},$$

m étant la densité du corps.

La dilatation cubique ϑ satisfait (Chap. II, n° 2) à l'équation

$$\Delta\vartheta = \frac{m}{\lambda + 2\mu}\frac{d^2\vartheta}{dt^2},$$

qui peut s'écrire

$$hh_1h_2\left[\frac{d\left(\frac{h}{h_1h_2}\frac{d\vartheta}{d\rho}\right)}{d\rho} + \frac{d\left(\frac{h_1}{h_1h}\frac{d\vartheta}{d\rho_1}\right)}{d\rho_1} + \frac{d\left(\frac{h_2}{hh_1}\frac{d\vartheta}{d\rho_2}\right)}{d\rho_2}\right] = \frac{m}{\lambda + 2\mu}\frac{d^2\vartheta}{dt^2}.$$

Dans le cas de l'équilibre d'élasticité, les équations (L) et (M) seront, en général, bien disposées pour l'intégration. On déterminera d'abord la forme de ϑ par l'équation

$$\Delta\vartheta = 0;$$

les trois équations (L) détermineront ensuite a, b, c; puis des trois équations (M) on déduira R, R_1, R_2.

Équations de l'élasticité en coordonnées provenant d'un système de surfaces et de lignes orthogonales à ce système de surfaces.

9. Un système de surfaces étant donné, on ne peut en général trouver deux autres systèmes de surfaces orthogonaux entre eux et orthogonaux au premier. Mais on peut alors considérer le système donné de surfaces et le système des lignes qui coupent orthogonalement ces surfaces.

Traçons sur ces surfaces les lignes de courbure que nous désignerons par s_1 et s_2, et désignons par s les lignes orthogonales aux surfaces. Nous pourrons encore décomposer le volume d'un corps en parallélépipèdes curvilignes infiniment petits, dont les côtés seront situés sur trois lignes s, s_1, s_2 passant par un même point, et le volume de chacun de ces parallélépipèdes sera $ds\,ds_1\,ds_2$.

Nous nous sommes déjà occupés de ce genre de coordonnées dans la *Théorie du potentiel* (Chap. IV, n°s 17-23). Désignons par σ les surfaces données; soit M un point d'une surface σ, soient s_1 et s_2 les lignes de courbure de σ qui passent par M. Le long de s_1 et s_2, menons les lignes s orthogonales aux surfaces σ; nous formerons deux surfaces que je désigne respectivement par σ_2 et σ_1. Les lignes s, s_1, s_2 ne seront pas des lignes de courbure des surfaces σ_1 et σ_2. Mais nous pouvons considérer les sections normales faites dans ces trois surfaces suivant les tangentes à ces courbes. Désignons alors par $r_{i,j}$ le rayon de courbure de la surface σ_j suivant l'arc s_i.

Nous aurons, pour les éléments des surfaces σ, σ_1, σ_2,

$$d\sigma = ds_1\, ds_2, \qquad d\sigma_1 = ds_2\, ds, \qquad d\sigma_2 = ds\, ds_1.$$

Posons

$$\frac{1}{r} = \frac{1}{r_{10}} + \frac{1}{r_{20}}, \qquad \frac{1}{r_1} = \frac{1}{r_{21}} + \frac{1}{r_{01}}, \qquad \frac{1}{r_2} = \frac{1}{r_{02}} + \frac{1}{r_{12}};$$

le parallélépipède curviligne construit sur ds, ds_1, ds_2 aura une base $d\sigma = ds_1\, ds_2$ qui correspond à s, et sa base opposée $d\sigma'$ correspondra à $s + ds$, et nous pourrons représenter $d\sigma' - d\sigma$ par $\dfrac{d\, d\sigma}{ds} ds$. Or on reconnait facilement qu'on a

$$d\sigma' = ds_1\, ds_2 \left(1 - \frac{ds}{r_{10}}\right)\left(1 - \frac{ds}{r_{20}}\right);$$

il en résulte

$$d\sigma' - d\sigma = -\left(\frac{1}{r_{10}} + \frac{1}{r_{20}}\right) d\sigma,$$

ou la première des trois formules semblables

$$(z) \qquad \frac{d\, d\sigma}{ds} = -\frac{d\sigma}{r}, \qquad \frac{d\, d\sigma_1}{ds_1} = -\frac{d\sigma_1}{r_1}, \qquad \frac{d\, d\sigma_2}{ds_2} = -\frac{d\sigma_2}{r_2}.$$

10. Nous allons maintenant montrer que les formules obtenues au n° 6 ont encore lieu.

D'abord, le raisonnement du n° 3, qui sert à établir la formule

$$\frac{dv'}{ds'} = \frac{dB_1}{ds} + \frac{R}{r_{01}},$$

reste entièrement applicable, et l'on en conclut par analogie les six formules (a) du n° 6.

Cherchons ensuite la formule qui donne $\partial_x = \dfrac{du'}{dx'}$. Il s'agit d'exprimer cette quantité au moyen de R, R_1, R_2. Pour simplifier, supposons d'abord que R_2 soit nul.

Menons les lignes Mx', My', Mz' tangentes aux arcs s, s_1, s_2 qui passent par le point M. Soit $Mb = ds$, qui se projette en $Mb' = dx'$.

Le point M (*fig.* 3) éprouve, par suite de la déformation, un dépla-

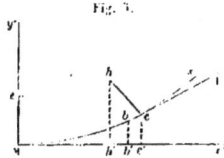

Fig. 3.

cement R suivant Mx' et un autre $R_1 = Mc$ suivant My'. Le point b, extrémité de ds, se déplacera d'abord de $R + dR$ suivant la tangente en b, par suite de $dR = bc$ par rapport au point du corps situé primitivement en M, et en second lieu il se déplace de $ch = R_1 + dR_1$ normalement à l'arc Mc. Des points c et h, abaissons sur Mx' les perpendiculaires cc', hh'.

Le déplacement total du point b, par rapport au point M, aura pour projection sur l'axe des x'
$$du' = -b'h'.$$

On a ensuite

(3) $$b'h' = h'c' - b'c'.$$

En négligeant des infiniment petits d'ordre supérieur, on obtient
$$b'c' = bc = dR;$$
puis, en menant la tangente cT à l'arc s,
$$h'c' = -R_1 \cos(hc, x') = R_1 \sin(cT, x');$$
l'angle de cT avec Mx' est l'angle de contingence de l'arc Mc; on a donc
$$h'c' = R_1 \frac{ds}{r_{01}}.$$

Ainsi l'égalité (3) devient
$$-du' = R_1 \frac{ds}{r_{01}} - dR.$$

Divisons par ds et remarquons que $\dfrac{du'}{ds}$ est égal à $\dfrac{du'}{dx}$; nous aurons

$$\frac{du'}{dx} = \frac{dR}{ds} - \frac{R_1}{r_{01}}.$$

En établissant cette formule, j'ai supposé R_2 nul; si R_2 n'est pas nul, il donne évidemment dans $\dfrac{du'}{dx}$ un terme tout semblable à celui que donne R_1, et il en résulte

$$\frac{du'}{dx} = \frac{dR}{ds} - \frac{R_1}{r_{01}} - \frac{R_2}{r_{02}}.$$

C'est la première des trois formules (b) du n° 6; les deux autres s'en déduisent par analogie.

11. Occupons-nous ensuite des équations de l'équilibre d'élasticité. Nous aurons encore, pour la variation $\delta \mathcal{F}'$ du travail intérieur des forces élastiques, en supprimant des intégrales superficielles,

$$\delta \mathcal{F}' = -\mu \int \left(\frac{\lambda + 2\mu}{\mu} \upsilon \, \delta \upsilon + \Psi \, \delta \Psi + \Psi_1 \, \delta \Psi_1 + \Psi_2 \, \delta \Psi_2 \right) d\varpi,$$

$d\varpi$ étant égal à $ds\, ds_1\, ds_2$.

En faisant la somme des trois dilatations linéaires, nous obtenons

$$\upsilon = \left(\frac{dR}{ds} - \frac{R}{\gamma} \right) + \left(\frac{dR_1}{ds_1} - \frac{R_1}{\gamma_1} \right) + \left(\frac{dR_2}{ds_2} - \frac{R_2}{\gamma_2} \right),$$

et Ψ, Ψ_1, Ψ_2, doubles des rotations, ont pour expressions

$$(7) \quad \begin{cases} \Psi = \dfrac{dR_2}{ds_1} - \dfrac{1}{r_{11}} R_1 - \dfrac{dR_1}{ds_2} + \dfrac{1}{r_{12}} R_1, \\ \Psi_1 = \dfrac{dR}{ds_2} - \dfrac{1}{r_{02}} R - \dfrac{dR_2}{ds} + \dfrac{1}{r_{20}} R_2, \\ \Psi_2 = \dfrac{dR_1}{ds} - \dfrac{1}{r_{10}} R_1 - \dfrac{dR}{ds_1} + \dfrac{1}{r_{01}} R. \end{cases}$$

Ne considérons dans $\delta \mathcal{F}'$ que les termes en δR et supprimons les intégrales superficielles. Nous aurons

$$\int \omega \,\delta\varpi \,d\varpi = \int \left(\frac{d\,\delta R}{ds} - \frac{\delta R}{\gamma}\right) d\sigma \,ds + \ldots$$
$$= -\int \left[\frac{d(\omega\,d\sigma)}{ds} + \frac{\omega\,d\sigma}{\gamma}\right] \delta R \,ds + \ldots$$

Nous aurons de même

$$\int (\omega'\,\delta\omega + \omega_1\,\delta\Gamma_1 + \omega_2\,\delta\Gamma_2)\,d\varpi = \int \left(\frac{d\,\delta R}{ds_2} - \frac{1}{r_{02}}\,\delta R\right)\omega_1\,ds\,ds_1\,ds_2$$
$$- \int \left(\frac{d\,\delta R}{ds_1} - \frac{1}{r_{01}}\,\delta R\right)\omega_2\,ds\,ds_1\,ds_2 + \ldots$$

et, par l'intégration par parties,

$$= -\int \left[\frac{d(\omega_1\,d\sigma_2)}{ds_2} - \omega_1\frac{d\sigma_2}{r_{02}}\right] \delta R\,ds_2 + \int \left[\frac{d(\omega_2\,d\sigma_1)}{ds_1} + \omega_2\frac{d\sigma_1}{r_{01}}\right] \delta R\,ds_1 + \ldots$$

Dans l'équation du principe des vitesses virtuelles (n° 8)

$$(\delta\tilde{s}) + \int (F\,\delta R + F_1\,\delta R_1 + F_2\,\delta R_2)\,d\varpi = 0,$$

égalons à zéro le coefficient de δR; nous aurons

$$(\lambda + \mu)\left[\frac{d(\omega\,d\sigma)}{ds} + \frac{\omega\,d\sigma}{\gamma}\right]ds + \mu\left[\frac{d(\omega_1\,d\sigma_2)}{ds_2} - \omega_1\frac{d\sigma_2}{r_{02}}\right]ds_2$$
$$- \mu\left[\frac{d(\omega_2\,d\sigma_1)}{ds_1} + \omega_2\frac{d\sigma_1}{r_{01}}\right]ds_1 + F\,ds\,ds_1\,ds_2 = 0.$$

Cette équation peut s'écrire

$$\left[\frac{d\omega_2}{ds_2}d\sigma_2 + \omega_1\left(\frac{d\,d\sigma_2}{ds_1} + \frac{d\sigma_2}{r_{02}}\right)\right]ds_2 - \left[\frac{d\omega_1}{ds_1}d\sigma_1 + \omega_2\left(\frac{d\,d\sigma_1}{ds_1} + \frac{d\sigma_1}{r_{01}}\right)\right]ds_1$$
$$= -\frac{\lambda + \mu}{\mu}\left[\frac{d\omega}{ds}d\sigma + \left(\frac{d\,d\sigma}{ds} + \frac{d\sigma}{\gamma}\right)\omega\right]ds - \frac{1}{\mu}F\,ds\,ds_1\,ds_2.$$

Appliquons les formules (2) et divisons par $ds\,ds_1\,ds_2$; nous aurons la première des trois équations semblables

$$\frac{d\varpi}{ds_1} - \frac{\varpi_2}{r_{21}} - \left(\frac{d\varpi_1}{ds_2} - \frac{\varpi_1}{r_{12}}\right) = \frac{\lambda + 2\mu}{\mu} \frac{d_s}{ds} + \frac{1}{\mu} F,$$

$$\frac{d\varpi}{ds_2} - \frac{\varpi}{r_{02}} - \left(\frac{d\varpi_2}{ds} - \frac{\varpi_2}{r_{20}}\right) = \frac{\lambda + 2\mu}{\mu} \frac{d_s}{ds_1} + \frac{1}{\mu} F_1,$$

$$\frac{d\varpi_1}{ds} - \frac{\varpi_1}{r_{10}} - \left(\frac{d\varpi}{ds_1} - \frac{\varpi}{r_{01}}\right) = \frac{\lambda + 2\mu}{\mu} \frac{d_s}{ds_2} + \frac{1}{\mu} F_2.$$

Quand on aura déterminé ϖ, ϖ_1, ϖ_2 au moyen de ces trois équations, on calculera R, R_1, R_2 au moyen des trois équations (γ). Quant aux rayons de courbure r_{12}, r_{21}, r_{01}, r_{02}, qui entrent dans ces formules, ils pourront être calculés selon ce qui a été dit (*Théorie du potentiel,* Chap. IV, n°ˢ 18 et 23).

Équations exprimant l'équilibre des forces élastiques.

12. Dans les numéros précédents, nous ne nous sommes occupés que des corps isotropes; nous allons maintenant exprimer en coordonnées curvilignes l'équilibre des forces élastiques à l'intérieur d'un corps homogène, isotrope ou non.

Le travail élémentaire des forces élastiques qui agissent à l'intérieur du corps a pour expression

$$\delta \mathcal{T} = -\int (N_1 \delta\lambda_x + N_2 \delta\lambda_y + N_3 \delta\lambda_z + T_1 \delta g_{yz} + T_2 \delta g_{zx} + T_3 \delta g_{xy}) d\varpi$$

(Chap. I, n° 19).

Par un point M quelconque du corps, menons les tangentes Mx', My', Mz' aux lignes s, s_1, s_2 qui y passent, et ces droites seront des axes de coordonnées pour des points situés à une distance infiniment petite de M. Considérons le parallélépipède curviligne $d\varpi = ds\, ds_1\, ds_2$ dont le sommet est en M, et désignons encore par le Tableau

$$\begin{array}{llll} \Lambda, & \tilde{\varepsilon}_{01}, & \tilde{\varepsilon}_{20} & \text{sur } d\sigma = ds_1\, ds_2, \\ \tilde{\varepsilon}_{01}, & \Lambda_1, & \tilde{\varepsilon}_{11} & \text{»} \ d\sigma_1 = ds_2\, ds, \\ \tilde{\varepsilon}_{20}, & \tilde{\varepsilon}_{11}, & \Lambda_2 & \text{»} \ d\sigma_2 = ds\, ds_1, \end{array}$$

les forces élastiques qui agissent respectivement suivant ds, ds_1, ds_2. En appliquant la formule précédente, nous obtiendrons

$$\delta \vec{\jmath} = -\int \left[\Lambda\, \delta \frac{du'}{dx'} + \Lambda_1 \delta \frac{dv'}{dy'} + \Lambda_2 \delta \frac{dw'}{dz'} \right.$$
$$\left. + \tilde{e}_{12} \delta\left(\frac{dv'}{dz'} + \frac{dw'}{dy'}\right) + \tilde{e}_{20} \delta\left(\frac{dw'}{dx'} + \frac{du'}{dz'}\right) + \tilde{e}_{01} \delta\left(\frac{du'}{dy'} + \frac{dv'}{dx'}\right) \right] d\sigma.$$

Or nous avons trouvé (n°s 6 et 10)

$$\frac{du'}{dx'} = \frac{dR}{ds} - \frac{R_1}{r_{01}} - \frac{R_2}{r_{02}},$$

$$\frac{dv'}{dy'} = \frac{dR_1}{ds_1} - \frac{R_2}{r_{12}} - \frac{R}{r_{10}},$$

$$\frac{dw'}{dz'} = \frac{dR_2}{ds_2} - \frac{R}{r_{20}} - \frac{R_1}{r_{21}},$$

$$\frac{dv'}{dz'} + \frac{dw'}{dy'} = \frac{dR_1}{ds_2} + \frac{dR_2}{ds_1} + \frac{R_1}{r_{12}} + \frac{R_2}{r_{21}},$$

$$\frac{dw'}{dx'} + \frac{du'}{dz'} = \frac{dR_2}{dx} + \frac{dR}{ds_2} + \frac{R_2}{r_{20}} + \frac{R}{r_{02}},$$

$$\frac{du'}{dy'} + \frac{dv'}{dx'} = \frac{dR}{ds_1} + \frac{dR_1}{ds} + \frac{R}{r_{01}} + \frac{R_1}{r_{10}}.$$

Les termes de $\delta \vec{\jmath}$ dépendront de δR, δR_1 ou δR_2; calculons seulement ceux qui dépendent de δR:

$$\int \Lambda\, \delta \frac{du'}{dx'} d\sigma\, ds \qquad \text{donne} \qquad -\int \frac{d(\Lambda\, d\sigma)}{ds} \delta R\, ds,$$

$$\int \Lambda_1 \delta \frac{dv'}{dy'} d\sigma\, ds \qquad \text{»} \qquad -\int \Lambda_1 \frac{\delta R}{r_{10}} d\sigma\, ds,$$

$$\int \Lambda_2 \delta \frac{dw'}{dz'} d\sigma\, ds \qquad \text{»} \qquad -\int \Lambda_2 \frac{\delta R}{r_{20}} d\sigma\, ds,$$

$$\int \tilde{e}_{20} \delta\left(\frac{dw'}{dx'} + \frac{du'}{dz'}\right) d\sigma_2\, ds_2 \quad \text{»} \quad \int \left[-\frac{d(\tilde{e}_{20}\, d\sigma_2)}{ds_1} + \frac{\tilde{e}_{01}\, d\sigma_2}{r_{01}}\right] \delta R\, ds_2,$$

$$\int \tilde{e}_{01} \delta\left(\frac{du'}{dy'} + \frac{dv'}{dx'}\right) d\sigma_1\, ds_1 \quad \text{»} \quad \int \left[-\frac{d(\tilde{e}_{01}\, d\sigma_1)}{ds_1} + \frac{\tilde{e}_{01}\, d\sigma_1}{r_{01}}\right] \delta R\, ds_1.$$

ÉQUATIONS DE L'ÉLASTICITÉ EN COORDONNÉES CURVILIGNES.

Égalons ensuite à zéro le coefficient de δR dans l'équation

$$\delta T + \delta \int (F \delta R + F_1 \delta R_1 + F_2 \delta R_2) d\sigma = 0,$$

et appliquons les formules (2) du n° 9 ; nous obtiendrons ainsi la première des trois équations semblables

$$\frac{dN}{ds} + \frac{d\tilde{c}_{01}}{ds_1} + \frac{d\tilde{c}_{02}}{ds_2} + F = \frac{N - N_1}{r_{12}} + \frac{N - N_2}{r_{20}} + \left(\frac{2}{r_{01}} + \frac{1}{r_{21}}\right) \tilde{c}_{01} + \left(\frac{2}{r_{02}} + \frac{1}{r_{12}}\right) \tilde{c}_{02},$$

$$\frac{d\tilde{c}_{01}}{ds} + \frac{dN_1}{ds_1} + \frac{d\tilde{c}_{12}}{ds_2} + F_1 = \frac{N_1 - N_2}{r_{21}} + \frac{N_1 - N}{r_{01}} + \left(\frac{2}{r_{12}} + \frac{1}{r_{02}}\right) \tilde{c}_{12} + \left(\frac{2}{r_{10}} + \frac{1}{r_{21}}\right) \tilde{c}_{10},$$

$$\frac{d\tilde{c}_{02}}{ds} + \frac{d\tilde{c}_{12}}{ds_1} + \frac{dN_2}{ds_2} + F_2 = \frac{N_2 - N}{r_{02}} + \frac{N_2 - N_1}{r_{12}} + \left(\frac{2}{r_{20}} + \frac{1}{r_{10}}\right) \tilde{c}_{20} + \left(\frac{2}{r_{21}} + \frac{1}{r_{01}}\right) \tilde{c}_{21}.$$

Ces équations ont été démontrées par Lamé pour un système de coordonnées provenant d'un triple système de surfaces orthogonales ; mais, d'après notre raisonnement, elles sont également applicables à des coordonnées déterminées par un système de surfaces et ses lignes orthogonales.

Démonstration géométrique des équations précédentes.

13. Nous allons retrouver les formules précédentes, en exprimant l'équilibre du parallélépipède curviligne, construit sur ds, ds_1, ds_2, sous l'influence des forces élastiques qui s'exercent sur ses faces et des forces extérieures.

Les forces élastiques, qui s'exercent vers l'extérieur sur les trois faces correspondant aux plus petites valeurs de s, s_1, s_2, sont données par le Tableau suivant :

	ds.	ds_1.	ds_3.	
	N	$\tilde{c}_{01}$	$\tilde{c}_{20}$	sur $d\sigma = ds_1 ds_2,$
	$\tilde{c}_{01}$	N_1	$\tilde{c}_{12}$	» $d\sigma_1 = ds_2 ds,$
	$\tilde{c}_{20}$	$\tilde{c}_{12}$	N_2	» $d\sigma_2 = ds ds_1.$

les forces de chaque ligne verticale étant dirigées suivant les tangentes à l'arc indiqué au-dessus. Désignons par $d\sigma'$, $d\sigma'_1$, $d\sigma'_2$ les trois faces opposées à $d\sigma$, $d\sigma_1$, $d\sigma_2$ dans le parallélépipède, et représentons par les notations précédentes, avec un accent, les forces élastiques qui sollicitent ces faces. Désignons aussi par s', s'_1, s'_2 les arcs s, s_1, s_2, terminés aux faces $d\sigma'$, $d\sigma'_1$, $d\sigma'_2$. Alors les forces élastiques, qui s'exercent sur ces faces et vers l'intérieur, seront représentées par le Tableau précédent, dont on accentuerait toutes les lettres A, $\mathfrak{e}$, s et σ.

Désignons par M le sommet du parallélépipède, où commencent les trois arcs ds, ds_1, ds_2, et menons en ce point M une tangente Mx' à ds, puis projetons sur cette droite toutes les forces qui sollicitent le parallélépipède, afin d'égaler leur somme à zéro.

Prenons d'abord, en les changeant de signe, les projections des forces indiquées par la première ligne verticale du Tableau ci-dessus et celles des forces semblables A', $\mathfrak{e}'_{01}$, $\mathfrak{e}'_{20}$. Nous aurons, pour leur somme,

$$\left(A + \frac{dA}{ds}ds\right)d\sigma' - A\,d\sigma + \left(\mathfrak{e}_{01} + \frac{d\mathfrak{e}_{01}}{ds_1}ds_1\right)d\sigma'_1 - \mathfrak{e}_{01}d\sigma_1$$
$$+ \left(\mathfrak{e}_{02} + \frac{d\mathfrak{e}_{02}}{ds_2}ds_2\right)d\sigma'_2 - \mathfrak{e}_{02}d\sigma_2,$$

et, en nous rappelant les formules qui donnent $d\sigma' - d\sigma$, ..., nous obtenons

$$(z)\quad \begin{cases} \left(\dfrac{dA}{ds} + \dfrac{d\mathfrak{e}_{01}}{ds_1} + \dfrac{d\mathfrak{e}_{02}}{ds}\right)d\varpi \\ - A\left(\dfrac{1}{r_{10}} + \dfrac{1}{r_{20}}\right)d\varpi - \mathfrak{e}_{01}\left(\dfrac{1}{r_{21}} + \dfrac{1}{r_{01}}\right)d\varpi - \mathfrak{e}_{02}\left(\dfrac{1}{r_{02}} + \dfrac{1}{r_{12}}\right)d\varpi. \end{cases}$$

Les six autres forces indiquées par la deuxième et la troisième ligne verticale du Tableau ont des projections nulles sur Mx'; mais les six forces semblables agissant sur $d\sigma'$, $d\sigma'_1$, $d\sigma'_2$ ont des projections différentes de zéro, et nous allons les déterminer.

La projection provenant de A'_1 est

$$(a)\qquad A'_1\,d\sigma'_1\cos(A'_1,s) = A_1\frac{\cos(s'_1,s)}{ds_1}d\varpi,$$

s'_1 indiquant la direction de la tangente à l'extrémité de ds_1. Il est d'ailleurs évident qu'on peut remplacer A'_1 par A_1 dans cette formule. Le numérateur de $\frac{\cos(s'_1, s)}{ds_1}$ varie et s'annule en même temps que ds_1, et ce rapport est analogue à une dérivée; nous le calculerons plus loin.

De même, la projection provenant de A'_2 peut s'écrire

(b) $\qquad A_2 \dfrac{\cos(s'_2, s)}{ds_2} d\varpi.$

On verra encore que ε'_{01}, dirigé suivant s'_1, et ε'_{02}, dirigé suivant s'_2, donnent respectivement les projections

(c) $\qquad \varepsilon_{01} \dfrac{\cos(s'_1, s)}{ds} d\varpi, \qquad \varepsilon_{02} \dfrac{\cos(s'_2, s)}{ds} d\varpi.$

s'_1 et s'_2 étant ce que deviennent les directions des tangentes à ds_1 et ds_2 quand s s'accroît de la quantité ds, indiquée au dénominateur.

Enfin, il existe deux forces égales à ε_{12}, dirigées l'une suivant s'_2, l'autre suivant s'_1, et qui donnent les deux projections

(d) $\qquad \varepsilon_{12} \dfrac{\cos(s'_2, s)}{ds_1} d\varpi, \qquad \varepsilon_{12} \dfrac{\cos(s'_1, s)}{ds_2} d\varpi;$

par exemple, s'_2, dans la première, indique ce que devient la direction de la tangente à ds_2 quand s_1 s'accroît de ds_1.

14. Prenons maintenant des axes rectangulaires fixes des x, y, z, et par rapport à ces axes désignons par a, b, c les cosinus directeurs de la tangente menée au commencement de ds; soient ensuite a_1, b_1, c_1 les mêmes cosinus pour ds_1, et a_2, b_2, c_2 les mêmes cosinus pour ds_2.

Les cosinus directeurs de s'_1 sont ce que deviennent a_1, b_1, c_1 quand s_1 s'accroît de ds_1; donc les cosinus directeurs de s'_1 sont

$$a_1 + \frac{da_1}{ds_1} ds_1, \quad b_1 + \frac{db_1}{ds_1} ds_1, \quad c_1 + \frac{dc_1}{ds_1} ds_1,$$

et l'on a

$$\frac{\cos(s'_1, s)}{ds_1} = a \frac{da_1}{ds_1} + b \frac{db_1}{ds_1} + c \frac{dc_1}{ds_1}$$

ou (*Théorie du Potentiel*. Chap. IV, n° 18)

$$\frac{\cos(s'_1, s)}{ds_1} = \frac{1}{r_{12}}.$$

On a de même

$$\frac{\cos(s', s_1)}{ds_1} = a_1 \frac{da}{ds_1} + b_1 \frac{db}{ds_1} + c_1 \frac{dc}{ds_1} = -\frac{1}{r_{12}}.$$

On a ensuite

$$\frac{\cos(s'_1, s)}{ds_2} = a \frac{da_1}{ds_2} + b \frac{db_1}{ds_2} + c \frac{dc_1}{ds_2}.$$

Pour nous représenter le cosinus de cette formule, prenons $MM_2 = ds_2$ et par le point M_2 (*fig.* 1) menons l'arc s'_1; soient $M_2 x'_1$ et $M_2 y'_1$ ce que

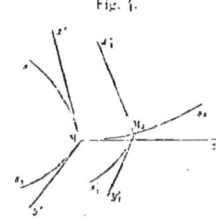

Fig. 1.

deviennent $M.x'$ et $M.y'$. L'arc s'_1 sera normal à s_2 et à $M_2 x'_1$. En négligeant des infiniment petits d'ordre supérieur, s'_1 ou $M_2 y'_1$ peut être regardé comme normal au plan $x' M z'$ et, par suite, normal à $M.x'$; on a donc

$$\frac{\cos(s'_1, s)}{ds_2} = 0.$$

Il résulte de là que les expressions (d) sont nulles, et que les expressions (a), (b), (c) ont les valeurs suivantes :

$$A_1 \frac{d\varpi}{r_{12}}, \quad A_2 \frac{d\varpi}{r_{22}}, \quad -\tilde{c}_{o1} \frac{d\varpi}{r_{o1}}, \quad -\tilde{c}_{o2} \frac{d\varpi}{r_{o2}}.$$

Faisons la somme de ces quatre expressions, de l'expression (z) et de la composante $F d\varpi$ des forces extérieures, et égalons cette somme à zéro; nous retrouverons la première des équations de l'équilibre des forces élastiques, obtenues (n° 12), et les deux autres s'en déduisent immédiatement.

Équations de l'élasticité en coordonnées cylindriques.

15. Appliquons les équations obtenues dans ce Chapitre pour les corps isotropes au cas très particulier où les trois systèmes de surfaces orthogonales sont : 1° des cylindres de révolution autour d'un même axe; 2° des plans méridiens passant par cet axe; 3° des plans perpendiculaires à cette droite.

Désignons par r le rayon des cylindres, par φ l'angle de chaque méridien avec un méridien fixe et par z la distance de chaque point à un plan fixe perpendiculaire à l'axe. Puis posons

$$q = r, \quad q_1 = \varphi, \quad q_2 = z;$$

nous aurons donc

$$ds = dr, \quad ds_1 = r\,d\varphi, \quad ds_2 = dz;$$

par suite,

$$h = 1, \quad h_1 = \frac{1}{r}, \quad h_2 = 1.$$

Désignons par U, V, W les déplacements suivant r, s_1 et z; cinq courbures principales sur six sont nulles, et l'on a (n° 4)

$$\frac{1}{r_{10}} = -\frac{1}{r}.$$

Nous aurons ainsi, pour les expressions des forces élastiques normales dirigées respectivement suivant r, la perpendiculaire au méridien et suivant l'axe des z,

$$\mathrm{N} = \mathrm{R} = \lambda\theta + 2\mu\frac{d\mathrm{U}}{dr},$$

$$\mathrm{N}_1 = \Phi = \lambda\theta + 2\mu\left(\frac{1}{r}\frac{d\mathrm{V}}{d\varphi} + \frac{\mathrm{U}}{r}\right),$$

$$\mathrm{N}_2 = \mathrm{Z} = \lambda\theta + 2\mu\frac{d\mathrm{W}}{dz}.$$

avec
$$\vartheta = \frac{dU}{dr} + \frac{U}{r} + \frac{1}{r}\frac{dV}{d\varphi} + \frac{dW}{dz},$$

et les forces tangentielles sont

$$\bar{\epsilon}_{12} = \mu\left(\frac{dV}{dz} + \frac{1}{r}\frac{dW}{d\varphi}\right),$$

$$\bar{\epsilon}_{21} = \mu\left(\frac{dW}{dr} + \frac{dU}{dz}\right),$$

$$\bar{\epsilon}_{01} = \mu\left(\frac{1}{r}\frac{dU}{d\varphi} + \frac{dV}{dr} - \frac{V}{r}\right).$$

La dilatation cubique ϑ satisfait à l'équation

$$(\lambda + 2\mu)\Delta\vartheta = m\frac{d^2\vartheta}{dt^2},$$

ou

$$\frac{d^2\vartheta}{dr^2} + \frac{1}{r}\frac{d\vartheta}{dr} + \frac{1}{r^2}\frac{d^2\vartheta}{d\varphi^2} + \frac{d^2\vartheta}{dz^2} = \frac{m}{\lambda + 2\mu}\frac{d^2\vartheta}{dt^2},$$

et l'on a ensuite, pour les équations du mouvement qui renferment celles de l'équilibre (n° 8),

$$\frac{d\varpi_3}{dz} - \frac{d\varpi_2}{d\varphi} = \frac{\lambda + 2\mu}{\mu}\frac{d\vartheta}{dr} + \frac{r}{\mu}\left(F - m\frac{d^2U}{dt^2}\right),$$

$$\frac{d\varpi_1}{dr} - \frac{d\varpi_3}{dz} = \frac{\lambda + 2\mu}{\mu}\frac{1}{r}\frac{d\vartheta}{d\varphi} + \frac{1}{\mu}\left(F_1 - m\frac{d^2V}{dt^2}\right),$$

$$\frac{d\varpi_2}{d\varphi} - \frac{d\varpi_1}{dr} = \frac{\lambda + 2\mu}{\mu}r\frac{d\vartheta}{dz} + \frac{r}{\mu}\left(F_2 - m\frac{d^2W}{dt^2}\right),$$

en posant

$$\frac{d(rV)}{dz} - \frac{dW}{d\varphi} = r\varpi_1,$$

$$\frac{dW}{dr} - \frac{dU}{dz} = \frac{1}{r}\varpi_2,$$

$$\frac{dU}{dz} - \frac{d(rV)}{dt} = r\varpi_3.$$

ÉQUATIONS DE L'ÉLASTICITÉ EN COORDONNÉES CURVILIGNES.   133

Équations de l'élasticité en coordonnées sphériques.

16. Le corps considéré est encore isotrope, et l'on prend, pour le triple système de surfaces orthogonales : 1° des sphères concentriques dont le centre est en O ; 2° des cônes qui ont leur sommet en ce point O et qui sont de révolution autour d'une même droite L, enfin des plans passant par L.

Soient r le rayon des sphères, φ la latitude ou le complément de l'angle de r avec la droite L, enfin ψ la longitude ou l'angle d'un plan du troisième système de surfaces avec un de ces plans pris fixe. En conséquence, posons, dans les formules générales,

$$\rho = r, \quad \rho_1 = \varphi, \quad \rho_2 = \psi;$$

nous aurons

$$ds = \frac{d\rho}{h} = dr, \quad ds_1 = \frac{d\rho_1}{h_1} = r\, d\varphi, \quad ds_2 = \frac{d\rho_2}{h_2} = r\cos\varphi\, d\psi$$

et, par suite,

$$h = 1, \quad h_1 = \frac{1}{r}, \quad h_2 = \frac{1}{r\cos\varphi}.$$

On en conclut, pour les six courbures principales,

$$\frac{1}{r_{10}} = -\frac{1}{r}, \quad \frac{1}{r_{20}} = -\frac{1}{r}, \quad \frac{1}{r_{21}} = \frac{\tang\varphi}{r}, \quad \frac{1}{r_{01}} = \frac{1}{r_{02}} = \frac{1}{r_{12}} = 0.$$

Remplaçons R, R$_1$, R$_2$ par les lettres U, V, W. Ainsi U, V, W sont les projections du déplacement total sur r, la tangente au méridien et la tangente au parallèle. Cela posé, nous obtiendrons, pour les expressions des forces élastiques,

$$A = \lambda \theta + 2\mu \frac{dU}{dr},$$

$$A_1 = \lambda \theta + 2\mu \left(\frac{1}{r}\frac{dV}{d\varphi} + \frac{U}{r} \right),$$

$$A_2 = \lambda \theta + 2\mu \left(\frac{1}{r\cos\varphi}\frac{dW}{d\psi} + \frac{U}{r} - \frac{\tang\varphi}{r} V \right)$$

et

$$\tilde{c}_{12} = \mu\left(\frac{1}{r\cos\varphi}\frac{dV}{d\psi} + \frac{1}{r}\frac{dW}{d\varphi} - \frac{\tan\varphi}{r}W\right),$$

$$\tilde{c}_{20} = \mu\left(\frac{dW}{dr} + \frac{1}{r\cos\varphi}\frac{dU}{d\psi} - \frac{1}{r}W\right),$$

$$\tilde{c}_{01} = \mu\left(\frac{1}{r}\frac{dU}{d\varphi} + \frac{dV}{dr} - \frac{1}{r}V\right).$$

et la dilatation cubique qui entre dans les trois premières forces a pour expression

$$\vartheta = \frac{1}{r^2}\frac{d(r^2 U)}{dr} + \frac{1}{r\cos\varphi}\frac{d(V\cos\varphi)}{d\varphi} + \frac{1}{r\cos\varphi}\frac{dW}{d\psi}.$$

La dilatation cubique ϑ satisfait à l'équation

$$\frac{1}{r^2}\frac{d\left(r^2\frac{d\vartheta}{dr}\right)}{dr} + \frac{1}{r^2\cos\varphi}\frac{d\left(\frac{d\vartheta}{d\varphi}\cos\varphi\right)}{d\varphi} + \frac{1}{r^2\cos^2\varphi}\frac{d^2\vartheta}{d\psi^2} = \frac{m}{\lambda+2\mu}\frac{d^2\vartheta}{dt^2}.$$

Enfin les équations qui expriment l'équilibre d'élasticité ou le mouvement vibratoire sont les suivantes

$$\frac{d\varpi_3}{d\varphi} - \frac{d\varepsilon}{d\psi} = \frac{\lambda+2\mu}{\mu}r^2\cos\varphi\frac{d\vartheta}{dr} + \frac{r^2\cos\varphi}{\mu}\left(F - m\frac{d^2U}{dt^2}\right) = 0,$$

$$\frac{d\varepsilon}{dr} - \frac{d\Lambda}{d\psi} = \frac{\lambda+2\mu}{\mu}\cos\varphi\frac{d\vartheta}{d\psi} - \frac{r\cos\varphi}{\mu}\left(F_1 - m\frac{d^2V}{dt^2}\right) = 0,$$

$$\frac{d\Lambda}{d\varphi} - \frac{d\varpi_3}{dr} = \frac{\lambda+2\mu}{\mu}\frac{1}{\cos\varphi}\frac{d\vartheta}{d\psi} + \frac{r}{\mu}\left(F_2 - m\frac{d^2W}{dt^2}\right) = 0,$$

dans lesquelles on fait

$$\frac{d(rV)}{d\varphi} - \frac{d(Wr\cos\varphi)}{d\psi} = \Lambda r^2\cos\varphi,$$

$$\frac{d(Wr\cos\varphi)}{dr} - \frac{dU}{d\psi} = \varpi_3\cos\varphi,$$

$$\frac{dU}{d\varphi} - \frac{d(rV)}{dr} = \frac{1}{\cos\varphi}\varepsilon.$$

CHAPITRE V.

DÉFORMATIONS, QUI NE SONT PAS TRÈS PETITES, DES TIGES MINCES.

Kirchhoff a exposé une théorie de la déformation des tiges minces (*Gesammelte Abhandlungen*, p. 285), qui a été reprise par Clebsch. Ils observent que, si l'on décompose une tige mince en tranches très petites par des plans normaux à son axe, les déplacements relatifs qui se feront dans une tranche seront très petits par rapport aux dimensions de cette tranche et conformes à ceux qu'on étudie dans la théorie générale de l'élasticité. Mais, néanmoins, bien que la déformation ne soit pas permanente, les déplacements peuvent n'être plus très petits dans toute la longueur par rapport à des axes, dont deux sont tracés dans le plan d'une des bases et dont l'autre est perpendiculaire à cette base.

Considérant d'abord une tige droite, ces géomètres supposent qu'elle subit une courbure qui n'est pas très petite; puis, à chaque tranche de la tige, ils appliquent les formules de la flexion et de la torsion des prismes, données par de Saint-Venant.

Or il semble qu'il y a plusieurs remarques à faire au sujet de l'application de ces formules. D'abord, les formules de de Saint-Venant ne doivent pas être très approchées dans le cas où une dimension de la section est grande par rapport à l'autre, comme je l'ai fait remarquer dans une note (Chap. III, n° 7). En second lieu, les formules de de Saint-Venant sont établies dans l'hypothèse d'une certaine distribution des forces sur les bases d'un prisme, et alors, en supposant le prisme long par rapport aux dimensions de la section, on peut approximativement substituer à cette distribution des forces un autre système de forces statiquement équivalent. Or, dans chaque tranche, les dimensions des bases sont très petites, mais finies, tandis qu'on regarde dans le calcul la hauteur comme infiniment petite. Il n'est donc nullement rigoureux de faire un pareil changement de distribution des forces sur les bases des tranches en lesquelles on divise la tige.

Pour étudier ensuite la déformation d'une tige courbe et les forces élastiques qui l'accompagnent, Kirchhoff conçoit qu'on déforme la tige courbe de manière à la rendre droite, puis de la forme droite il la fait venir à la forme courbe qu'elle doit obtenir en définitive.

Par ces procédés, on abandonne les méthodes analytiques rigoureuses employées par les géomètres après la création de la théorie de l'élasticité, pour revenir à des méthodes analogues à celles des Bernoulli et d'Euler.

Cependant, nous allons adopter cette théorie comme pouvant donner une approximation; mais nous en changerons complètement l'exposition, afin de n'entrer d'abord que dans des considérations entièrement rigoureuses, que nous n'abandonnerons que vers la fin de la recherche, quand nous appliquerons les formules du problème de de Saint-Venant.

Équilibre des forces élastiques sur la tranche d'une tige qui est droite à l'état naturel.

1. Divisons une tige droite en tranches de hauteur infiniment petite par des plans perpendiculaires à son axe, et cherchons l'équilibre d'une de ces tranches après la déformation. Soit σ la base; dans cette base d'abord plane, traçons par le pied M de l'axe deux droites rectangulaires. Après la déformation, ces deux droites et l'axe, devenus courbes, resteront néanmoins rectangulaires entre eux. Désignons par s la courbe en laquelle l'axe se change, et par s_1, s_2 les courbes en lesquelles se changent les deux autres droites.

Représentons par $-C$, $-A$, $-B$ les trois composantes de la résultante des forces élastiques exercées sur la base σ, ces trois composantes étant dirigées respectivement suivant les tangentes menées au commencement des arcs ds, ds_1, ds_2, qui passent par M. Soit σ' l'autre base de la tranche, correspondant à $s + ds$; par le point où l'axe rencontre la base σ', menons avant la déformation deux droites parallèles aux deux droites rectangulaires tracées dans σ, et désignons par s'_1, s'_2 ce

DÉFORMATIONS DES TIGES MINCES.

que deviennent ces deux droites après la déformation. La résultante des forces appliquées sur σ', étant décomposée suivant le prolongement de ds et suivant s'_1 et s'_2, donnera les composantes

$$C' = C + \frac{dC}{ds}ds, \qquad A' = A + \frac{dA}{ds}ds, \qquad B' = B + \frac{dB}{ds}ds.$$

Décomposons les axes des couples qui sollicitent les bases σ et σ' de la même manière. La section σ sera ainsi sollicitée par un couple dont les composantes seront désignées par $-\mathfrak{c}, -\mathfrak{a}, -\mathfrak{v}$, et σ' sera sollicité par un autre couple dont les composantes seront

$$\mathfrak{c} + \frac{d\mathfrak{c}}{ds}ds, \qquad \mathfrak{a} + \frac{d\mathfrak{a}}{ds}ds, \qquad \mathfrak{v} + \frac{d\mathfrak{v}}{ds}ds.$$

Il doit y avoir équilibre, d'une part, entre les forces qui sollicitent l'élément de la tige et, d'autre part, entre les couples qui y sont appliqués. Pour obtenir les équations de l'équilibre, nous emploierons des formules obtenues (Chap. IV, n°ˢ 13 et 14).

En premier lieu, projetons les forces qui sollicitent la tranche sur la tangente Mz', menée au point M de ds. Les sections σ' et σ, égales avant la déformation, peuvent être encore considérées après comme égales; car elles ne diffèrent que d'un infiniment petit du second ordre.

Les projections de C' et de — C ont pour somme

$$\frac{dC}{ds}ds.$$

La projection de — A est nulle et celle de A' est

$$A\frac{\cos(s'_1, s)}{ds}ds;$$

de même la projection de — B est nulle et celle de B' est

$$B\frac{\cos(s'_2, s)}{ds}ds.$$

Enfin, désignons par Fds la composante des forces extérieures sur la tranche, prise suivant la même direction. En égalant à zéro la somme de ces composantes, nous aurons

$$(a) \qquad \frac{dC}{ds} + A\frac{\cos(s'_1, s)}{ds} + B\frac{\cos(s'_2, s)}{ds} + F = 0.$$

Le point M' (*fig.* 5), situé sur l'arc s et infiniment voisin de M, peut être considéré comme situé dans le plan z'My'; élevons à la courbe s

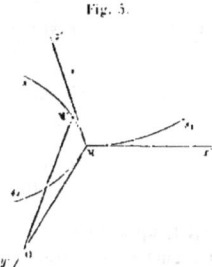

Fig. 5.

une normale M'O située dans ce plan ; elle rencontrera My' en O. Désignons OM par r_2; r_2 sera aussi le rayon de courbure de la projection de s sur le plan z'My'. Nous obtiendrons de même r_1, le rayon de courbure de la projection de s sur le plan z'Mx'.

Le long de s_1 et de s_2, on peut concevoir des lignes normales aux surfaces σ ; ces lignes formeront deux surfaces σ_1 et σ_2, et, d'après ce qui a été vu (Chap. IV, n° 14), on aura

$$\frac{\cos(s'_1, s)}{ds} = -\frac{1}{r_1}, \qquad \frac{\cos(s'_2, s)}{ds} = -\frac{1}{r_2}.$$

Ainsi, l'équation (a) devient

$$\frac{dC}{ds} - \frac{A}{r_1} - \frac{B}{r_2} + F = 0.$$

2. En second lieu, projetons les forces qui sollicitent la tranche de la tige sur la tangente Mx' menée à s_1.

Les projections de A' et de $-A$ ont pour somme

$$\frac{dA}{ds}ds;$$

la projection de C est nulle et celle de C' est

$$C\cos(C', s_1) = C\frac{\cos(s', s_1)}{ds}ds = \frac{C}{r_1}ds;$$

car on a

$$\frac{\cos(s', s_1)}{ds} = -\frac{\cos(s'_1, s)}{ds},$$

d'après ce que nous avons vu au même endroit du Chapitre IV.

Enfin, la projection de B' sur ds_1 sera

$$B\cos(B', s_1) = B\frac{\cos(s'_2, s_1)}{ds}ds.$$

Quand les lignes s, s_1, s_2 appartiennent à un triple système de surfaces orthogonales ou même à un système formé par une famille de surfaces et ses trajectoires orthogonales, on a

$$\frac{\cos(s'_2, s_1)}{ds} = 0.$$

Mais cette quantité n'est pas nulle dans le cas actuel, parce que les lignes courbes, transformées des lignes qui, avant la déformation, étaient droites et parallèles à l'axe, ne sont plus normales aux surfaces σ. Ici, l'on a

$$\frac{\cos(s'_2, s_1)}{ds} = -\frac{(s'_2, s_2)}{ds},$$

et (s'_2, s_2) indique l'angle $d\jmath$ dont s_2 a tourné autour de Mz' par rapport à Mx', quand on passe de σ à σ'.

L'angle $d\jmath$ peut aussi être défini comme l'angle dont σ' a tourné par rapport à σ dans le sens de Mx' vers My', et peut être appelé *l'angle de torsion* de la tranche de la tige. Posons

$$\frac{\cos(s'_2, s_1)}{ds} = -\frac{d\jmath}{ds} = -\frac{1}{\varrho};$$

la quantité $\frac{d\varpi}{ds}$, que nous représentons ainsi par $\frac{1}{\rho}$, sera l'angle de torsion par unité de longueur de la tige : c'est la quantité analogue à B du n° 1 du Chapitre III. Il faut se garder de confondre $d\varpi$ avec l'angle de torsion de l'élément de courbe ds, lequel est l'angle des deux plans osculateurs menés aux extrémités de ds.

Enfin, appelons $F_1 ds$ la somme des composantes suivant Mx' des forces extérieures qui agissent sur la tranche, et nous aurons l'équation

$$\frac{dA}{ds} - \frac{B}{\rho} + \frac{C}{r_1} + F_1 = 0.$$

3. Un calcul tout semblable au précédent peut être fait pour déterminer les projections des forces sur l'axe des y'. En réunissant les trois équations relatives à l'équilibre des forces, nous aurons

$$(z) \quad \begin{cases} \dfrac{dC}{ds} - \dfrac{A}{r_1} - \dfrac{B}{r_2} + F = 0, \\ \dfrac{dA}{ds} - \dfrac{B}{\rho} + \dfrac{C}{r_1} + F_1 = 0, \\ \dfrac{dB}{ds} + \dfrac{A}{\rho} + \dfrac{C}{r_2} + F_2 = 0, \end{cases}$$

F, F_1, F_2 étant les composantes des forces extérieures, estimées par unité de longueur de la tige.

Soient

a, b, c les cosinus directeurs de Mz' par rapport à des axes fixes;
a_1, b_1, c_1 ceux de Mx';
a_2, b_2, c_2 ceux de My'.

Nous aurons ces équations

$$\frac{1}{r_1} = \frac{\cos(s', s_1)}{ds} = a_1 \frac{da}{ds} + b_1 \frac{db}{ds} + c_1 \frac{dc}{ds},$$

$$\frac{1}{r_2} = \frac{\cos(s', s_2)}{ds} = a_2 \frac{da}{ds} + b_2 \frac{db}{ds} + c_2 \frac{dc}{ds},$$

$$\frac{1}{\rho} = -\frac{\cos(s'_2, s_1)}{ds} = -\left(a_1 \frac{da_2}{ds} + b_1 \frac{db_2}{ds} + c_1 \frac{dc_2}{ds}\right).$$

4. Occupons-nous ensuite des équations qui expriment l'équilibre des couples. Désignons par $\mathfrak{J}\,ds$, $\mathfrak{J}_1\,ds$, $\mathfrak{J}_2\,ds$ les composantes suivant Mz', Mx', My' du couple provenant des forces extérieures, qui agit sur le tronçon de la tige. Mais à ces couples il faut ajouter ceux qui sont produits par les forces A, B, C. En effet, les deux forces $-$ B et B', qui sont appliquées aux deux bases et qui sont égales et de sens contraire à des infiniment petits près, produisent un couple dont l'axe est dirigé suivant Mx' et dont la grandeur absolue est $B\,ds$. Si, par exemple, B est positif, la force $-$ B est dirigée suivant le prolongement de My'; B' est parallèle et de même sens que My'; le couple tend donc à faire tourner l'élément du corps de l'axe des z' vers celui des y'. Ainsi, l'axe du couple doit être représenté par

$$- B\,ds.$$

On voit de même que les deux forces $-$ A et A' donnent un couple dont l'axe est dirigé suivant My', et qui est représenté par

$$A\,ds.$$

Enfin les deux forces $-$ C et C' ne donnent pas de couple.

Or les couples se composent comme des forces. Il en résulte que nous obtiendrons les équations de l'équilibre des couples, en remplaçant A, B, C par $\mathfrak{A}$, $\mathfrak{B}$, $\mathfrak{C}$ et F, F_1, F_2 par

$$\mathfrak{J},\quad \mathfrak{J}_1 - B,\quad \mathfrak{J}_2 + A,$$

dans les équations (α). Nous avons ainsi ces équations

$$(\beta)\begin{cases} \dfrac{d\mathfrak{C}}{ds} - \dfrac{\mathfrak{A}}{r_1} - \dfrac{\mathfrak{B}}{r_2} + \mathfrak{J} = 0, \\[4pt] \dfrac{d\mathfrak{A}}{ds} - \dfrac{\mathfrak{B}}{\rho} + \dfrac{\mathfrak{C}}{r_1} + \mathfrak{J}_1 - B = 0, \\[4pt] \dfrac{d\mathfrak{B}}{ds} + \dfrac{\mathfrak{A}}{\rho} + \dfrac{\mathfrak{C}}{r_2} + \mathfrak{J}_2 + A = 0. \end{cases}$$

Détermination du rayon de courbure de la courbe s au moyen de r_1 et r_2.

5. Il s'agit de déterminer le rayon de courbure p de la courbe s au moyen des rayons de courbure r_1 et r_2 des projections de s sur les deux plans rectangulaires $z'Mx'$, $z'My'$ (*fig.* 6) menés par la tangente à la ligne s.

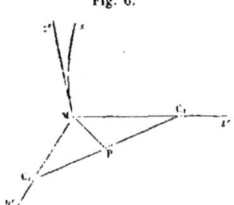

Fig. 6.

Nous avons, par rapport à un système d'axes fixes des x, y, z,

$$\frac{1}{p^2} = \left(\frac{d\frac{dx}{ds}}{ds}\right)^2 + \left(\frac{d\frac{dy}{ds}}{ds}\right)^2 + \left(\frac{d\frac{dz}{ds}}{ds}\right)^2.$$

Or, d'après les notations du n° 3, la tangente Mz' a pour cosinus directeurs a, b, c; donc on a au point M

$$a = \frac{dx}{ds}, \quad b = \frac{dy}{ds}, \quad c = \frac{dz}{ds}$$

et, par suite,

$$\frac{1}{p^2} = \left(\frac{da}{ds}\right)^2 + \left(\frac{db}{ds}\right)^2 + \left(\frac{dc}{ds}\right)^2.$$

Les cosinus directeurs du rayon de courbure sont

$$p\frac{da}{ds}, \quad p\frac{db}{ds}, \quad p\frac{dc}{ds}.$$

Or on a trouvé

$$\frac{1}{r_1} = a_1\frac{da}{ds} + b_1\frac{db}{ds} + c_1\frac{dc}{ds},$$

on a donc
$$\frac{p}{r_1} = \cos(p, x');$$

on a de même
$$\frac{p}{r_2} = \cos(p, y')$$

et, par suite aussi,
$$\frac{1}{p^2} = \frac{1}{r_1^2} + \frac{1}{r_2^2}.$$

D'après cela, sur Mx' et My', prenons $MC_1 = r_1$, $MC_2 = r_2$; nous aurons les centres de courbure C_1 et C_2 des projections de s sur les plans $z'Mx'$ et $z'My'$; joignons $C_1 C_2$ et du point M abaissons la perpendiculaire MP sur $C_1 C_2$; cette ligne MP sera en grandeur et en direction le rayon de courbure p de la courbe s.

Le rayon de courbure r de la projection de s sur un plan mené par Mz' et faisant l'angle α avec $z'Mx'$ sera donné par la formule

$$\frac{1}{r} = \frac{\cos\alpha}{r_1} + \frac{\sin\alpha}{r_2}.$$

Équations de l'équilibre d'une tige droite par rapport à des axes fixes des x, y, z.

6. Formons maintenant les équations de l'équilibre de la tige par rapport à des axes fixes. Pour cela, multiplions les équations (α) respectivement par a, a_1, a_2, et ajoutons; nous aurons, pour l'équation de la projection suivant l'axe des x,

$$a\frac{dC}{ds} + a_1\frac{dA}{ds} + a_2\frac{dB}{ds} - \frac{Aa}{r_1} - \frac{Ba}{\rho} - \frac{Ba_1}{r_1} + \frac{Ca_1}{r_1}$$
$$+ \frac{Aa_2}{\rho} + \frac{Ca_2}{r_2} + aF + a_1F_1 + a_2F_2 = 0$$

ou

(d) $\begin{cases} \dfrac{d}{ds}(a_1 A + a_2 B + a C) + A\left(-\dfrac{da_1}{ds} - \dfrac{a}{r_1} + \dfrac{a_2}{\rho}\right) \\ + B\left(-\dfrac{da_2}{ds} - \dfrac{a}{r_2} - \dfrac{a_1}{\rho}\right) + C\left(-\dfrac{da}{ds} + \dfrac{a_1}{r_1} + \dfrac{a_2}{r_2}\right) + U = 0, \end{cases}$

en posant
$$U = aF + a_1F_1 + a_2F_2.$$

Le coefficient de A est nul. On a en effet

$$-\frac{da_1}{ds} - \frac{a}{r_1} + \frac{a_2}{\rho}$$
$$= -\frac{da_1}{ds} + a\left(a\frac{da_1}{ds} + b\frac{db_1}{ds} + c\frac{dc_1}{ds}\right) + a_2\left(a_1\frac{da_1}{ds} + b_1\frac{db_1}{ds} + c_1\frac{dc_1}{ds}\right)$$
$$= \frac{da_1}{ds}(-1 + a^2 + a_1^2) + \frac{db_1}{ds}(ab + a_2b_1) + \frac{dc_1}{ds}(ac + a_2c_1)$$
$$= -a_1^2\frac{da_1}{ds} - a_1b_1\frac{db_1}{ds} - a_1c_1\frac{dc_1}{ds} = 0.$$

On démontrerait de même que le coefficient de B est nul, et l'on a, pour le coefficient de C,

$$-\frac{da}{ds} + a_1\left(a_1\frac{da}{ds} + b_1\frac{db}{ds} + c_1\frac{dc}{ds}\right) + a_2\left(a_2\frac{da}{ds} + b_2\frac{db}{ds} + c_2\frac{dc}{ds}\right)$$
$$= -a\left(a\frac{da}{ds} + b\frac{db}{ds} + c\frac{dc}{ds}\right) = 0.$$

Ainsi l'équation (d) devient la première des trois équations semblables

(A) $\begin{cases} \dfrac{d}{ds}(a_1 A + a_2 B + aC) + U = 0, \\ \dfrac{d}{ds}(b_1 A + b_2 B + bC) + V = 0, \\ \dfrac{d}{ds}(c_1 A + c_2 B + cC) + W = 0, \end{cases}$

U, V, W étant les composantes des forces extérieures suivant les axes des x, y, z.

Opérons sur les équations (β) comme nous avons fait sur les équations (α), et nous aurons

(B) $\begin{cases} \dfrac{d}{ds}(a_1 \mathcal{A} + a_2 \mathcal{B} + a\mathcal{C}) + \mathfrak{U} - a_1 B + a_2 A = 0, \\ \dfrac{d}{ds}(b_1 \mathcal{A} + b_2 \mathcal{B} + b\mathcal{C}) + \mathfrak{V} - b_1 B + b_2 A = 0, \\ \dfrac{d}{ds}(c_1 \mathcal{A} + c_2 \mathcal{B} + c\mathcal{C}) + \mathfrak{W} - c_1 B + c_2 A = 0, \end{cases}$

en posant
$$\mathfrak{v} = a\vec{s} + a_1\vec{s}_1 + a_2\vec{s}_2,$$
$$\mathfrak{v} = b\vec{s} + b_1\vec{s}_1 + b_2\vec{s}_2,$$
$$\mathfrak{w} = c\vec{s} + c_1\vec{s}_1 + c_2\vec{s}_2;$$

$\mathfrak{v}$, $\mathfrak{v}$, $\mathfrak{w}$ sont ainsi les composantes d'un couple provenant des forces extérieures par rapport à des parallèles aux axes des x, y, z, menées par le point M, origine des x', y', z'.

Les équations (A) et (B) peuvent ainsi remplacer les équations (2) et (3) des n°⁸ 3 et 4.

Emploi des formules de la flexion et de la torsion.

7. Les raisonnements qui précèdent n'empruntent à la Mécanique que les premiers principes de la Statique et sont entièrement rigoureux. Nous allons entrer maintenant dans des considérations qui n'auront pas la même rigueur.

Pour établir les équations (2) et (3) ou (A) et (B), les axes des x' et des y' tracés dans la section σ et rectangulaires entre eux n'ont pas été déterminés. Or, après avoir mis l'axe des z' suivant la ligne des centres de gravité des sections, plaçons les axes des x' et y' suivant les axes principaux de la section. Les lignes s, s_1, s_2 considérées ci-dessus seront donc ce que deviennent ces trois droites par suite de la déformation.

Comme dans le problème de de Saint-Venant (Chap. III, n° 7), nous admettons que les lignes s_1 et s_2 restent rectangulaires après la déformation, ainsi d'ailleurs que deux droites rectangulaires quelconques tracées dans le plan de la section droite.

Désignons par u', v', w' les déplacements des points de la tranche de la tige par rapport aux axes des x', y', z'. La ligne s restera normale sur s_1 et s_2, si les glissements

$$\frac{du'}{dz'} + \frac{dw'}{dx'}, \quad \frac{dv'}{dz'} + \frac{dw'}{dy'}$$

sont nuls pour $x' = 0$, $y' = 0$, $z' = 0$ (Chap. I, n° 14). On satisfera à ces conditions en supprimant dans les formules du n° 10, Chap. III.

des termes qui indiquent une simple rotation de tout l'élément du corps et écrivant

$$u' = -h\left[a_0 x' + a_1 \frac{x'^2 - y'^2}{2} + a_2 x' y' + \left(b_1 \frac{x'^2 - y'^2}{2} + b_2 x' y'\right) z'\right]$$
$$- a_1 \frac{z'^2}{2} - b_1 \frac{z'^3}{6} + \beta y' z',$$

$$v' = -h\left[a_0 y' + a_2 \frac{y'^2 - x'^2}{2} + a_1 x' y' + \left(b_2 \frac{y'^2 - x'^2}{2} + b_1 x' y'\right) z'\right]$$
$$- a_2 \frac{z'^2}{2} - b_2 \frac{z'^3}{6} - \beta x' z',$$

$$w' = (a_0 + a_1 x' + a_2 y') z' + (b_1 x' + b_2 y') \frac{z'^2}{2}$$
$$- \frac{E - 2\mu h}{2\mu} (b_1 x' y'^2 + b_2 y' x'^2) + \Omega.$$

8. Pour plus de simplicité, supposons que la section ait deux axes rectangulaires de symétrie et posons

$$x^2 \sigma = \int y'^2 d\sigma, \qquad \lambda^2 \sigma = \int x'^2 d\sigma,$$

ces expressions représentant les moments d'inertie de la section par rapport aux axes des x et des y, et, en appliquant les formules des n°s 17 et 18 du Chapitre III, nous aurons, pour les couples $\mathcal{A}$, $\mathcal{B}$, $\mathcal{C}$,

$$\mathcal{A} = -E x^2 \sigma a_2 = -E x^2 \sigma \frac{d^2 v'}{dz'^2},$$

$$\mathcal{B} = -E \lambda^2 \sigma a_1 = E \lambda^2 \sigma \frac{d^2 u'}{dz'^2},$$

$$\mathcal{C} = \mu \beta \left[-(\lambda^2 + x^2) \sigma + \int \left(x' \frac{dU_1}{dy'} - y' \frac{dU_2}{dx'} \right) d\sigma \right].$$

Or, $\frac{du'}{dz'}$ et $\frac{dv'}{dz'}$ étant très petits, on a, pour les courbures des projections de la ligne s sur les plans des $z'x'$ et $z'y'$,

$$\frac{1}{r_1} = \frac{d^2 u'}{dz'^2}, \qquad \frac{1}{r_2} = \frac{d^2 v'}{dz'^2}.$$

La quantité β, qui se trouve dans les expressions de u', v', peut être définie ainsi : $-\beta\, ds$ est l'angle dont la section σ', distante de σ par la ligne ds, tourne de Ox' vers Oy' par rapport à σ (Chap. III, n° 12); on a donc (n° 2)

$$-\beta = \frac{d\psi}{ds} = \frac{1}{\rho}.$$

D'après cela, posons

$$\sigma\gamma^2 = \frac{\mu}{E}\left[(\lambda^2+x^2)\sigma - \int\left(x'\frac{dU_3}{dy'} - y'\frac{dU_3}{dx'}\right)d\sigma\right],$$

γ^2 dépendra de la fonction U_3, et, par suite, de la figure de la section, et nous aurons, pour les couples A, $\mathfrak{m}$, C,

$$A = -E z^2 \sigma \frac{1}{r_2}, \qquad \mathfrak{m} = E \lambda^2 \sigma \frac{1}{r_1}, \qquad C = E\gamma^2\sigma\frac{1}{\rho} \quad (^1).$$

Comme nous avons vu (n° 3), $\frac{1}{r_1}$, $\frac{1}{r_2}$, $\frac{1}{\rho}$ s'expriment au moyen des neuf cosinus a, b, c, … et de leurs dérivées par rapport à s, et ces neuf cosinus peuvent s'exprimer au moyen de trois cosinus seulement. Ainsi, si l'on remplace A, $\mathfrak{m}$, C par les valeurs précédentes dans les équations (β) et (B), les six équations (α) et (β) ou (A) et (B) auront lieu seulement entre les trois quantités A, B, C et les trois cosinus et pourront servir à les déterminer.

Remarquons aussi que la dilatation longitudinale sera donnée par la formule

$$\lambda = \frac{C}{E\sigma}.$$

Déformation d'une tige primitivement courbe.

9. Les équations (α) et (β), qui expriment l'équilibre des forces sur une tige déformée, restent entièrement applicables si la tige est primitivement courbe au lieu d'être droite; car, dans ces équations, il

---

(^{1}) Dans le cas d'une tige à section circulaire, on a $\gamma^2 = \frac{R^2}{2}$, et nous verrons à la fin du Chapitre VII que l'on doit remplacer $E = \frac{\mu(3\lambda+2\mu)}{\lambda+\mu}$ par $Q = \frac{\frac{3}{2}\mu(\lambda^2+3\mu\lambda+\mu^2)}{\lambda^2+3\mu\lambda+2\mu^2}$, qui est égal à E pour $\lambda = \mu$.

n'entre que des quantités relatives à la forme finale affectée par la tige. Les équations (A) et (B) sont donc aussi applicables. Les quantités r_1, r_2, ρ exprimeront les mêmes éléments que précédemment dans la forme finale de la tige.

Occupons-nous ensuite des expressions de $\mathcal{L}, \mathcal{M}, \mathcal{E}$ à substituer dans les équations (3) ou (B).

Considérons dans la tige à l'état naturel une tranche dont l'axe est courbe et dont les bases sont normales à cet axe. On amènera l'axe à être droit, en appliquant sur la base σ des couples $-\mathcal{L}', -\mathcal{M}', -\mathcal{E}'$ et sur la base opposée σ' des couples

$$\mathcal{L}' + \frac{d\mathcal{L}'}{ds}ds, \quad \mathcal{M}' + \frac{d\mathcal{M}'}{ds}ds, \quad \mathcal{E}' + \frac{d\mathcal{E}'}{ds}ds,$$

tous ces couples étant égaux et de sens contraire à ceux qui, de la forme supposée droite, amèneraient le tronçon à la forme courbe primitive. Désignons donc par u', v' les déplacements de l'axe suivant les axes des x' et y' pour passer de la forme droite à la forme courbe primitive ; nous aurons

$$\mathcal{L}' = E\varkappa^2\sigma\frac{d^2v'}{dz'^2} = E\varkappa^2\sigma\frac{1}{r'_2},$$

$$\mathcal{M}' = -E\lambda^2\sigma\frac{d^2u'}{dz'^2} = -E\lambda^2\sigma\frac{1}{r'_1},$$

$$\mathcal{E}' = -E\nu^2\sigma\frac{1}{\rho'},$$

r'_1, r'_2, ρ' étant les mêmes quantités pour la forme primitive que r_1, r_2, ρ pour la forme définitive.

Ensuite, pour passer de la forme droite à la forme courbe définitive, il faudra encore appliquer à la base σ les moments $-\mathcal{L}'', -\mathcal{M}'', -\mathcal{E}''$, et à la base σ' les moments $\mathcal{L}'', \mathcal{M}'', \mathcal{E}''$ augmentés de leurs différentielles ; d'ailleurs, $\mathcal{L}'', \mathcal{M}'', \mathcal{E}''$ sont donnés par les formules

$$\mathcal{L}'' = -E\varkappa^2\sigma\frac{1}{r_2}, \quad \mathcal{M}'' = E\lambda^2\sigma\frac{1}{r_1}, \quad \mathcal{E}'' = E\nu^2\sigma\frac{1}{\rho}.$$

On aura ensuite, pour les couples qui sollicitent chaque section de la tige quand elle passe de la première forme courbe à la seconde,

$$\mathcal{A} = \mathcal{A}' + \mathcal{A}'', \quad \mathfrak{w} = \mathfrak{w}' + \mathfrak{w}'', \quad \mathfrak{C} = \mathfrak{C}' + \mathfrak{C}''$$

ou

$$\mathcal{A} = -\mathrm{E}z^2\sigma\left(\frac{1}{r_2} - \frac{1}{r_2'}\right), \quad \mathfrak{w} = \mathrm{E}z^2\sigma\left(\frac{1}{r_1} - \frac{1}{r_1'}\right), \quad \mathfrak{C} = \mathrm{E}v^2\sigma\left(\frac{1}{\rho} - \frac{1}{\rho'}\right),$$

formules dans lesquelles r_2', r_1', ρ' sont des quantités connues. Ces expressions de $\mathcal{A}$, $\mathfrak{w}$, $\mathfrak{C}$ sont celles qu'il faudra substituer dans les équations (3) ou (B).

Équilibre d'une tige primitivement droite qui n'est sollicitée par aucune force extérieure en dehors de ses extrémités.

10. Les forces extérieures, qui agissent sur la tige, se réduisent le plus ordinairement à la pesanteur. Supposons que cette force soit négligeable et qu'il n'y ait pas d'autres forces extérieures. Alors les équations (A) deviendront

$$\frac{d}{ds}(\mathrm{A}a_1 + \mathrm{B}a_2 + \mathrm{C}a) = 0, \quad \ldots$$

et s'intégreront immédiatement. On a donc, en désignant par H, H_1, H_2 trois constantes arbitraires,

$$\mathrm{A}a_1 + \mathrm{B}a_2 + \mathrm{C}a = \mathrm{H}, \quad \mathrm{A}b_1 + \mathrm{B}b_2 + \mathrm{C}b = \mathrm{H}_1, \quad \mathrm{A}c_1 + \mathrm{B}c_2 + \mathrm{C}c = \mathrm{H}_2.$$

Les premiers membres représentent les composantes, suivant les axes fixes des x, y, z, des forces qui agissent sur une section transversale. Ainsi, bien que cette section, qui a une grandeur constante, varie de direction, la force élastique qui s'y exerce est constante en grandeur et en direction.

En résolvant les équations précédentes par rapport à A, B, C, nous aurons

$$\mathrm{A} = \mathrm{H}a_1 + \mathrm{H}_1 b_1 + \mathrm{H}_2 c_1, \quad \mathrm{B} = \mathrm{H}a_2 + \mathrm{H}_1 b_2 + \mathrm{H}_2 c_2, \quad \mathrm{C} = \mathrm{H}a + \mathrm{H}_1 b + \mathrm{H}_2 c.$$

Dans les équations (3) [n° 4], remplaçons A, B par les valeurs précédentes et $\mathcal{A}$, $\mathcal{B}$, $\mathcal{C}$ par

$$\mathcal{A} = -\mathrm{E}\pi z^2 \frac{1}{r_2}, \qquad \mathcal{B} = \mathrm{E}\sigma \lambda^2 \frac{1}{r_1}, \qquad \mathcal{C} = \mathrm{E}\sigma \nu^2 \frac{1}{\rho},$$

et nous aurons ces équations

$$\nu^2 \frac{d\frac{1}{\rho}}{ds} + (z^2 - \lambda^2) \frac{1}{r_1 r_2} = 0,$$

$$z^2 \frac{d\frac{1}{r_2}}{ds} + (\lambda^2 - \nu^2) \frac{1}{\rho r_1} + \frac{1}{\mathrm{E}\sigma}(\mathrm{H}a_2 + \mathrm{H}_1 b_2 + \mathrm{H}_2 c_2) = 0,$$

$$\lambda^2 \frac{d\frac{1}{r_1}}{ds} + (\nu^2 - z^2) \frac{1}{\rho r_2} + \frac{1}{\mathrm{E}\sigma}(\mathrm{H}a_1 + \mathrm{H}_1 b_1 + \mathrm{H}_2 c_1) = 0.$$

Nous avons dit que la force qui a pour composantes H, H_1, H_2 est constante en grandeur et en direction; prenons l'axe fixe des z suivant cette direction, et nous aurons

$$\mathrm{H} = 0, \qquad \mathrm{H}_1 = 0.$$

Posons, de plus,

$$\frac{1}{\rho} = q, \qquad \frac{1}{r_2} = q_1, \qquad \frac{1}{r_1} = q_2,$$

et ces équations deviendront

$$\nu^2 \frac{dq}{ds} + (z^2 - \lambda^2) q_1 q_2 = 0,$$

$$z^2 \frac{dq_1}{ds} + (\lambda^2 - \nu^2) q_2 q + \frac{1}{\mathrm{E}\sigma} \mathrm{H}_2 c_2 = 0,$$

$$\lambda^2 \frac{dq_2}{ds} + (\nu^2 - z^2) q q_1 + \frac{1}{\mathrm{E}\sigma} \mathrm{H}_2 c_1 = 0.$$

Ces équations sont entièrement semblables à celles de la rotation d'un corps solide pesant autour d'un point fixe, lorsque la droite qui joint le point de suspension au centre de gravité est un axe principal d'inertie. Pour passer de ce problème au problème actuel, il faut changer le temps t en la quantité s et remplacer les cosinus qui donnent les directions des trois axes principaux (directions variables avec t) par les cosinus qui donnent les directions des axes d'inertie de chaque section et la direction perpendiculaire. Enfin, $z^2\sigma$, $\lambda^2\sigma$, $y^2\sigma$ remplacent les moments principaux d'inertie.

11. Un cas particulier, où le problème devient beaucoup plus facile, est celui où la force H_2 disparaît et où la tige n'est sollicitée que par des couples. On a alors les équations

$$(1) \begin{cases} y^2 \dfrac{dq}{ds} + (z^2 - \lambda^2) q_1 q_2 = 0, \\ z^2 \dfrac{dq_1}{ds} + (\lambda^2 - y^2) q_2 q = 0, \\ \lambda^2 \dfrac{dq_2}{ds} + (y^2 - z^2) q q_1 = 0, \end{cases}$$

qui sont celles d'un corps solide qui n'est sollicité par aucune force.

On passe des axes des x, y, z à ceux des x', y', z' par les formules

$$x = a_1 x' + a_2 y' + a z',$$
$$y = b_1 x' + b_2 y' + b z',$$
$$z = c_1 x' + c_2 y' + c z'.$$

Désignons : 1° par ψ l'angle compris entre l'axe des x et la trace du plan des $x'y'$ sur celui des xy; 2° par φ l'angle de cette trace avec l'axe des x'; 3° par θ l'angle formé par l'axe des z avec celui des z'. Les angles ψ et φ seront regardés comme variant de 0 à 2π, et l'angle θ comme variant de 0 à π seulement. Enfin, l'angle ψ est compté de l'axe des x vers l'axe des y, et l'angle φ, qui est situé dans le plan des $x'y'$, est compté en tournant de Mx' vers My'.

Alors les cosinus a, a_1, a_2, ... s'expriment au moyen des angles ψ, φ, θ par ces formules

$$(2) \begin{cases} a_1 = -\cos\theta \sin\psi \sin\varphi + \cos\psi \cos\varphi, \\ a_2 = -\cos\theta \sin\psi \cos\varphi - \cos\psi \sin\varphi, \\ a = \sin\theta \sin\psi, \\ b_1 = \cos\theta \cos\psi \sin\varphi + \sin\psi \cos\varphi, \\ b_2 = \cos\theta \cos\psi \cos\varphi - \sin\psi \sin\varphi, \\ b = -\sin\theta \cos\psi, \\ c_1 = \sin\theta \sin\varphi, \quad c_2 = \sin\theta \cos\varphi, \quad c = \cos\theta. \end{cases}$$

En combinant les équations (1), on en déduit les deux suivantes

$$x^2 q_1 \frac{dq_1}{ds} + \lambda^2 q_2 \frac{dq_2}{ds} + \nu^2 q \frac{dq}{ds} = 0,$$

$$x^4 q_1 \frac{dq_1}{ds} + \lambda^4 q_2 \frac{dq_2}{ds} + \nu^4 q \frac{dq}{ds} = 0,$$

et, en intégrant, on obtient

(3)
$$\begin{cases} x^2 q_1^2 + \lambda^2 q_2^2 + \nu^2 q^2 = h, \\ x^4 q_1^2 + \lambda^4 q_2^2 + \nu^4 q^2 = l^2, \end{cases}$$

h et l étant deux constantes arbitraires.

12. Le problème de Mécanique cité ci-dessus est résolu dans la Section IV de ma *Dynamique analytique*. D'après cela, pour abréger, transportons les formules du n° 7 de cette Section dans la recherche actuelle. Dans le problème de Mécanique, on a choisi pour plan fixe des xy le plan invariable. La direction de l'axe fixe des z sera donc déterminée.

Supposons
$$\nu^2 > \lambda^2 > x^2,$$

puis, introduisant une variable u, posons

$$n = \frac{\sqrt{(\nu^2 - \lambda^2)(l^2 - x^2 h)}}{x\lambda\nu}, \qquad u = n(s + \tau),$$

τ étant une constante arbitraire. Nous aurons alors ces formules qui déterminent les trois courbures q, q_1, q_2

(a)
$$\begin{cases} q = \sqrt{\dfrac{l^2 - x^2 h}{\nu^2(\nu^2 - x^2)}} \, \Delta \operatorname{am} u, \\ q_1 = \pm \sqrt{\dfrac{\nu^2 h - l^2}{x^2(\nu^2 - x^2)}} \, \cos \operatorname{am} u, \\ q_2 = \mp \sqrt{\dfrac{\nu^2 h - l^2}{\lambda^2(\nu^2 - \lambda^2)}} \, \sin \operatorname{am} u, \end{cases}$$

le module de ces fonctions elliptiques étant

$$k = \sqrt{\frac{(\lambda^2 - x^2)(\nu^2 h - l^2)}{(\nu^2 - \lambda^2)(l^2 - x^2 h)}}.$$

On aura ensuite
$$\cos \vartheta = \frac{\nu^2}{l^2} q,$$

puis on obtient l'angle φ, au moyen de son sinus et de son cosinus, d'après les formules
$$q_1 = \frac{l}{\nu^2} \sin \varphi \sin \vartheta, \qquad q_2 = \frac{l}{\nu^2} \cos \varphi \sin \vartheta.$$

Reste à déterminer l'angle ψ. Nous calculerons une quantité z par l'équation
$$\sin^2 \operatorname{am}(iz) = -\frac{\nu^2(l^2 - 2z^2 h)}{z^2(2\nu^2 h - l^2)}.$$

Désignons par $\Theta(x)$ la fonction de Jacobi
$$\Theta(x) = 1 - 2q' \cos \frac{\pi x}{K} + 2q'^4 \cos \frac{2\pi x}{K} - 2q'^9 \cos \frac{3\pi x}{K} + \ldots,$$

en faisant
$$q' = e^{-\frac{\pi K'}{K}}, \qquad K = \int_0^{\frac{\pi}{2}} \frac{d\beta}{\sqrt{1 - k^2 \sin^2 \beta}};$$

alors, en posant
$$m = \frac{l\nu}{z\sqrt{(\nu^2 - \lambda^2)(l^2 - 2z^2 h)}}, \qquad n' = m + \frac{d \log \Theta(iz)}{dx},$$

et désignant par g une constante arbitraire, on a
$$\psi - g = n'u + \frac{1}{2} i \log \frac{\Theta(u - iz)}{\Theta(u + iz)}.$$

13. Montrons d'abord comment on calculera les quantités h et l. Le couple, qui sollicite chaque section de la tige, décomposé suivant les axes des x', y', z', donne les autres couples

$$(4) \quad \begin{cases} \mathfrak{L} = -E\kappa^2 \sigma \dfrac{1}{r_1} = -E\kappa^2 \sigma q_1, \\[4pt] \mathfrak{M} = E\lambda^2 \sigma \dfrac{1}{r_2} = E\lambda^2 \sigma q_2, \\[4pt] \mathfrak{N} = E\nu^2 \sigma \dfrac{1}{\rho} = E\nu^2 \sigma q. \end{cases}$$

A l'extrémité de la tige $s = L$, ces couples doivent avoir des valeurs données x', y', z'. D'après ces équations, on obtient les valeurs de q_1, q_2, q pour $s = L$ ou $u = n(L + \tau)$; puis, en les substituant dans les équations (3), on en conclura les constantes h et l. Donc le module k des fonctions elliptiques est aussi connu.

Mais les conditions pour $s = L$ doivent aussi déterminer la constante τ. En effet, la seconde équation (a) donnera

$$\frac{x'}{l^2 x'^2 \sigma} = \mp \sqrt{\frac{2h y^2 - l^2}{x^2(y^2 - z^2)}} \cos \operatorname{am} n(L + \tau)$$

et déterminera τ.

Ainsi les équations (a) font maintenant connaître q, q_1, q_2 pour toute valeur de u ou de s.

La direction de l'axe fixe des z est donnée par rapport aux axes variables des x', y', z' par les cosinus

(5) $\quad c_1 = \sin\theta \sin\varphi = \frac{x^2}{l} q_1, \qquad c_2 = \sin\theta \cos\varphi = \frac{\lambda^2}{l} q_2, \qquad c = \cos\theta = \frac{y^2}{l} q.$

Supposons que le commencement de la tige qui correspond à $s = 0$ soit fixe, la tige étant encastrée, et désignons par x'_0, y'_0, z'_0 ce que deviennent les axes des x', y', z' en ce point. Pour obtenir la position de l'axe des z par rapport au système des axes des x'_0, y'_0, z'_0, il faudra faire, dans les formules (5), $s = 0$ ou $u = n\tau$. Donc, en indiquant par l'indice 0 les valeurs (a) de q_1, q_2, q et celles de θ et φ pour $u = n\tau$, nous aurons

$$\sin\theta_0 \sin\varphi_0 = \frac{x^2}{l}(q_1)_0, \qquad \sin\theta_0 \cos\varphi_0 = \frac{\lambda^2}{l}(q_2)_0, \qquad \cos\theta_0 = \frac{y^2}{l}(q)_0.$$

φ_0 est l'angle de l'axe des x'_0 avec la trace T du plan des $x'_0 y'_0$ sur celui des xy. Connaissant donc T, on obtiendra l'axe des z en menant une perpendiculaire à T, qui fasse l'angle θ_0 avec celui des z'_0.

La direction de l'axe des x n'est pas encore déterminée; on l'obtiendra en choisissant la constante g.

Nous pouvons maintenant obtenir les équations de la courbe affectée par l'axe de la tige. Les cosinus des angles de la tangente à la courbe s

avec les axes des x, y, z sont a, b, c; nous avons donc les équations

$$\frac{dx}{ds} = a, \quad \frac{dy}{ds} = b, \quad \frac{dz}{ds} = c$$

ou

$$\frac{dx}{ds} = \sin\theta \sin\psi, \quad \frac{dy}{ds} = -\sin\theta \cos\psi, \quad \frac{dz}{ds} = \cos\theta;$$

par suite, les coordonnées de la courbe s sont exprimées au moyen de la variable u par les formules

$$x = \frac{1}{n}\int \sin\theta \sin\psi\, du, \quad y = \frac{-1}{n}\int \sin\theta \cos\psi\, du, \quad z = \frac{1}{n}\int \cos\theta\, du,$$

les intégrales étant prises depuis $u = n z$, si l'on veut que l'origine des axes des x, y, z coïncide avec celle des x'_0, y'_0, z'_0.

Jacobi a donné des expressions élégantes des cosinus a, b, c (*Gesammelte Werke*, t. II, p. 291); elles pourraient être employées dans ce calcul.

14. Considérons ensuite le cas où, les extrémités de la tige n'étant encore sollicitées que par des couples, les moments d'inertie de la section sont égaux, en sorte que l'on a

$$x^2 = \lambda^2.$$

Alors, d'après la première équation (1), q aura une valeur constante ω; donc la torsion $\frac{1}{\rho}$ de la tige est constante, et, si nous posons

$$\frac{v^2 - x^2}{x^2}\omega = \tau_1,$$

les deux dernières équations (1) deviendront

$$\frac{dq_1}{ds} = \tau_1 q_2, \quad \frac{dq_2}{ds} = -\tau_1 q_1;$$

on en tire

$$q_1 = \beta \sin\tau_1 s + \gamma \cos\tau_1 s, \quad q_2 = \beta \cos\tau_1 s - \gamma \sin\tau_1 s,$$

β et γ étant deux constantes arbitraires. Si l'on désigne par r le rayon de courbure de l'axe, on a (n° 5)

$$\frac{1}{r^2} = \frac{1}{r_1^2} + \frac{1}{r_2^2}$$

ou

$$\frac{1}{r^2} = q_2^2 + q_1^2 = \beta^2 + \gamma^2.$$

Les couples $\mathcal{A}$, $\mathcal{B}$, $\mathcal{C}$ doivent avoir des valeurs données $\mathcal{A}'$, $\mathcal{B}'$, $\mathcal{C}'$ pour l'extrémité $s = L$ de la tige, et, en appliquant les formules (1), on obtient ces trois équations

$$\mathcal{A}' = -E\varkappa^2\sigma(\beta\sin\varkappa L + \gamma\cos\varkappa L),$$
$$\mathcal{B}' = E\lambda^2\sigma(\beta\cos\varkappa L - \gamma\sin\varkappa L),$$
$$\mathcal{C}' = E\nu^2\tau\frac{\varkappa^2}{\nu^2 - \varkappa^2}r_0.$$

Au moyen de ces trois équations, on pourra déterminer d'abord τ_0, puis les deux constantes β et γ.

En prenant la direction de l'axe fixe des z comme il a été dit dans le cas général, on déduit de l'équation

$$\cos\theta = \frac{\nu^2}{l}q$$

que l'angle de la tangente à la courbe avec l'axe des z est constant, et l'on a

$$\psi = g + \frac{l}{\varkappa^2}s.$$

Intégrons ensuite les équations

$$\frac{dx}{ds} = \sin\theta\sin\psi, \qquad \frac{dy}{ds} = -\sin\theta\cos\psi, \qquad \frac{dz}{ds} = \cos\theta,$$

dans lesquelles θ est constant, et nous aurons, pour les équations de l'hélice en laquelle l'axe de la tige s'est changé,

$$x = -\frac{\varkappa^2}{l}\sin\theta\cos\left(g + \frac{l}{\varkappa^2}s\right) + x_0,$$
$$y = -\frac{\varkappa^2}{l}\sin\theta\sin\left(g + \frac{l}{\varkappa^2}s\right) + y_0,$$
$$z = s\cos\theta + z_0.$$

On pourra choisir les constantes x_0, y_0, z_0, de manière que x, y, z soient nuls pour $s = 0$.

D'après la seconde formule (3), on a

$$l^2 = x^2(q_1^2 + q_2^2) + y^2 q^2 = \frac{x^2}{r^2} + y^2 \omega^2.$$

Si la section de la tige est circulaire et de rayon R, on a

$$x = \frac{R}{2}, \quad y = \frac{R}{\sqrt{2}};$$

donc

$$l^2 = \frac{R^2}{16 r^2} + \frac{R^2}{4} \omega^2.$$

Flexion d'une tige dont l'axe est primitivement une courbe plane.

15. Cherchons la flexion finie d'une tige dont l'axe est une courbe plane. Nous supposons cette tige encastrée à l'extrémité $s = 0$ et sollicitée à l'autre extrémité $s = l$ par une force agissant dans le plan de la courbe.

En un point M quelconque de la courbe, menons Mz' (*fig. 7*) tan-

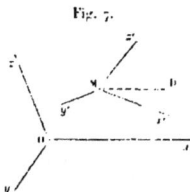

Fig. 7.

gent à cette courbe, Mx' perpendiculaire à Mz' dans le plan de la courbe, enfin My' perpendiculaire à ce plan. Faisons ensuite coïncider le plan des zx des coordonnées fixes avec le plan des $z'x'$.

L'extrémité $s = 0$ étant fixe, toute force perpendiculaire à la tige à l'autre extrémité produit un couple dans chaque élément de la tige, et ce couple est situé dans le plan des $z'x'$.

Appliquons la troisième équation (3) du n° 1, qui se réduira à

$$\frac{d\omega_3}{ds} + \Lambda = 0,$$

Λ étant égal, pour $s = l$, à la composante Λ' d'une force donnée. En remplaçant ω_3 par sa valeur (n° 9)

$$\omega_3 = E\lambda^4\sigma\left(\frac{1}{r_1} - \frac{1}{r'_1}\right),$$

où r'_1 et r_1 sont les rayons de courbure primitif et définitif de la courbe, nous avons

(c) $$\frac{d}{ds}\left(\frac{1}{r_1} - \frac{1}{r'_1}\right) = -\frac{1}{E\sigma\lambda^4}\Lambda.$$

D'autre part, des équations (z) (n° 3), mises sous la forme du n° 10, on déduit, pour les forces dirigées suivant les axes des x et z,

$$\Lambda a_1 + C a = H,$$
$$\Lambda c_1 + C c = L,$$

H et L désignant deux constantes arbitraires. Désignons par τ l'angle DMx' de l'axe des x avec l'axe des x'; nous aurons

$$a_1 = \cos(x, x') = \cos\tau, \quad a = \cos(z', x) = \sin\tau,$$
$$c_1 = \cos(z, x') = -\sin\tau, \quad c = \cos(z', z) = \cos\tau,$$

et ces deux équations deviennent

$$\Lambda\cos\tau + C\sin\tau = H, \quad -\Lambda\sin\tau + C\cos\tau = L;$$

on en tire

$$\Lambda = H\cos\tau - L\sin\tau, \quad C = H\sin\tau + L\cos\tau.$$

Ainsi l'équation (c) devient

$$\frac{d}{ds}\left(\frac{1}{r_1} - \frac{1}{r'_1}\right) = -\frac{1}{E\sigma\lambda^4}(H\cos\tau - L\sin\tau).$$

Désignons par τ' la valeur de τ avant la déformation; nous aurons

$$\frac{1}{r_1} = \frac{d\tau}{ds}, \qquad \frac{1}{r'_1} = \frac{d\tau'}{ds},$$

et l'équation précédente devient

$$(d) \qquad \frac{d^2\tau}{ds^2} = \frac{d^2\tau'}{ds^2} - \frac{1}{E\omega\lambda^2}(H\cos\tau - L\sin\tau),$$

τ' étant une fonction connue de s.

Formons ensuite les conditions relatives aux extrémités. La tige étant encastrée à l'extrémité $s = 0$, on a

$$\tau = \tau' \qquad \text{pour} \qquad s = 0;$$

à l'extrémité $s = l$, le couple de flexion $\mathcal{M}$ devient nul : on a donc

$$\frac{1}{r_1} = \frac{1}{r'_1} \qquad \text{pour} \qquad s = l.$$

Désignons, d'ailleurs, par τ_1 ce que devient τ à l'extrémité $s = l$ et par A', C' les forces données A et C pour cette extrémité; nous aurons

$$H = A'\cos\tau_1 + C'\sin\tau_1, \qquad L = -A'\sin\tau_1 + C'\cos\tau_1.$$

Ces quatre conditions détermineront H, L et les deux constantes introduites par l'intégration de l'équation (d).

16. Si la déformation de la tige courbe est très petite, il sera facile d'intégrer l'équation (d). En effet, on peut, dans ce cas, remplacer τ par τ' dans le second membre; on obtient ainsi

$$\frac{d^2\tau}{ds^2} = \frac{d^2\tau'}{ds^2} - \frac{1}{E\omega\lambda^2}(H\cos\tau' - L\sin\tau')$$

et, en intégrant,

$$\tau = \tau' - \frac{1}{E\omega\lambda^2}\left(H\int\int\cos\tau'\,ds^2 - L\int\int\sin\tau'\,ds^2\right).$$

On pourra ensuite déterminer les coordonnées de la courbe par rapport aux axes fixes, en intégrant les deux équations

$$(e) \qquad \frac{dc}{ds} = \sin\tau, \qquad \frac{dz}{ds} = \cos\tau.$$

L'équation (d) est encore facile à intégrer, si la forme primitive de la tige est circulaire ; car on a alors

$$\frac{d^2 z'}{ds^2} = 0,$$

et, en multipliant l'équation par $2\,dz$ et intégrant, on a

$$\left(\frac{dz}{ds}\right)^2 = -\frac{2}{E\sigma\lambda^2}(\text{H}\sin z + \text{L}\cos z) + \text{D},$$

D étant une constante.

Si nous déterminons α par les équations

$$\sin\alpha = \frac{\text{H}}{\sqrt{\text{H}^2+\text{L}^2}}, \qquad \cos\alpha = \frac{\text{L}}{\sqrt{\text{H}^2+\text{L}^2}},$$

puis que nous posions

$$z - \alpha + \pi = 2\varphi,$$

nous aurons

$$ds = \frac{2\,d\varphi}{\sqrt{\text{D} - \frac{2}{E\sigma\lambda^2}\sqrt{\text{H}^2+\text{L}^2}\cos 2\varphi}},$$

et, en déterminant g et k par les équations

$$g^2 = \text{D} + \frac{2}{E\sigma\lambda^2}\sqrt{\text{H}^2+\text{L}^2}, \qquad g^2 k^2 = \frac{4}{E\sigma\lambda^2}\sqrt{\text{H}^2+\text{L}^2},$$

on obtient

$$\frac{gs}{2} + \text{G} = \int_0^\varphi \frac{d\varphi}{\sqrt{1-k^2\sin^2\varphi}},$$

G étant une constante arbitraire. On aura donc

$$\varphi = \operatorname{am}\left(\frac{gs}{2} + \text{G},\ k\right), \qquad z = \alpha + 2\varphi - \pi;$$

puis, d'après les équations (e), on aura

$$x = -\int \sin(2\varphi + \alpha)\,ds, \qquad z = -\int \cos(2\varphi + \alpha)\,ds,$$

intégrales que l'on sait calculer au moyen des fonctions elliptiques

17. Jacques Bernoulli a résolu le premier le problème de la flexion d'une lame droite. Partageant la lame en filets parallèles à la longueur et remarquant qu'une moitié des filets s'allonge, et l'autre moitié se contracte dans la flexion, il trouve que le moment de la force, qui tend à ramener chaque élément de la lame à la forme droite, est proportionnel à la courbure de la courbe de flexion. Il en conclut l'équation de cette courbe.

Prenons l'axe des x vertical ; supposons la lame droite primitivement horizontale et parallèle à l'axe des z ; supposons-la, de plus, encastrée à l'extrémité $s=0$, mise à l'origine des x, y, z, et désignons par P un poids suspendu à l'autre extrémité $s=L$. Nous aurons

$$H = P, \quad L = 0;$$

dans l'équation (c), faisons $r'_1 = \infty$, et nous aurons

$$\frac{d}{ds}\left(\frac{1}{r_1}\right) = -\frac{A}{E\sigma\lambda^2}.$$

Si l'on suppose la lame peu courbée, $A = H\cos z$ peut être remplacée par H ou P, et, en intégrant, nous aurons

$$\frac{1}{r_1} = p(l-s),$$

en posant

$$p = \frac{P}{E\sigma\lambda^2}$$

et remarquant que la courbure est nulle à l'extrémité de la lame.

En remplaçant s par z, ce qui est permis d'après le degré d'approximation adopté, on a l'équation obtenue par Jacques Bernoulli

$$\frac{1}{r_1} = p(l-z)$$

ou

$$\frac{\frac{d^2x}{dz^2}}{\left[1 + \left(\frac{dx}{dz}\right)^2\right]^{\frac{3}{2}}} = p(l-z);$$

en intégrant de manière que $\frac{dx}{dz}$ soit nul pour $z = 0$, on a

(f) $\qquad a\dfrac{dx}{dz} = p(2lz - z^2)\left[1 + \left(\dfrac{dx}{dz}\right)^2\right]^{\frac{1}{2}},$

et l'on en tire

$$x = \int \frac{p(2lz - z^2)\,dz}{\sqrt{1 - p^2(2lz - z^2)^2}}.$$

Au reste, cette équation de Bernoulli peut encore se simplifier, puisque $\frac{dx}{dz}$ a été supposé très petit. On peut donc remplacer l'équation (f) par

$$a\frac{dx}{dz} = p(2lz - z^2),$$

et l'on obtient

$$6x = pz^2(3l - z);$$

ce qui est conforme à ce que nous avons trouvé (Chap. III, n° 21).

Équilibre d'élasticité d'une tige mince primitivement droite, lorsque sa déformation est très petite.

18. Lorsque la déformation d'une tige mince est très petite, la recherche de son équilibre peut sembler se confondre entièrement avec le problème de de Saint-Venant. En effet, dans ce problème, on étudie la déformation d'un cylindre, en supposant que les dimensions de sa base sont beaucoup plus petites que la longueur. C'est du moins dans ce cas seulement que l'on peut compter sur une grande approximation dans la solution; car le système des forces et des couples appliqués effectivement vers l'extrémité du cylindre ne serait rigoureusement équivalent à celui qu'on admet en théorie que si le corps était rigide.

Néanmoins, dans le problème actuel, le rapport des dimensions des bases à la longueur est supposé plus petit que dans le problème du Chapitre III, et l'on ne recherche plus que la déformation de l'axe de la tige. Ensuite, on ne néglige plus les forces extérieures qui peuvent solliciter le corps élastique.

Appliquons les formules (2) du n° 3 en prenant l'axe des z' suivant l'axe de la tige, et les axes des x' et des y' suivant les axes principaux de la section droite σ. Les termes multipliés par $\frac{1}{r_1}$, $\frac{1}{r_2}$, $\frac{1}{\rho}$ seront très petits et négligeables, et les trois équations (2) deviendront

$$(1) \qquad \frac{dC}{ds} + F = 0, \qquad \frac{dA}{ds} + F_1 = 0, \qquad \frac{dB}{ds} + F_2 = 0.$$

De même, les équations (3) [n° 4] relatives aux couples $\mathcal{A}$, $\mathcal{B}$, $\mathcal{C}$ produits par l'élasticité se réduiront à

$$(2) \qquad \frac{d\mathcal{C}}{ds} + \mathfrak{I} = 0, \qquad \frac{d\mathcal{A}}{ds} + \mathfrak{I}_1 - B = 0, \qquad \frac{d\mathcal{B}}{ds} + \mathfrak{I}_2 + A = 0.$$

Si l'on désigne par $X'd\varpi$, $Y'd\varpi$, $Z'd\varpi$ les composantes des forces extérieures qui sollicitent l'élément de volume $d\varpi$, le volume qui a pour base σ et pour hauteur ds est sollicité par les trois composantes

$$F\,ds = ds \int Z'd\sigma, \qquad F_1\,ds = ds \int X'd\sigma, \qquad F_2\,ds = ds \int Y'd\sigma,$$

et, en remarquant que z' est infiniment petit dans cet élément de volume, on voit que le même élément est sollicité par les moments ou couples

$$\mathfrak{I}\,ds = ds \int(Y'x' - X'y')d\sigma, \qquad \mathfrak{I}_1\,ds = ds \int Z'y'd\sigma, \qquad \mathfrak{I}_2\,ds = -ds \int Z'x'd\sigma.$$

On a ensuite (n° 8)

$$(3) \qquad \mathcal{A} = -E\lambda^2\sigma\frac{d^2v'}{dz'^2}, \qquad \mathcal{B} = E\lambda^2\sigma\frac{d^2u'}{dz'^2}, \qquad \mathcal{C} = E\nu^2\sigma\frac{d\omega}{ds}.$$

19. Prenons pour axes fixes des x, y, z des axes passant par le centre de la base de la tige, qui correspond à $s = 0$, et faisons coïncider ces axes avec les axes des x', y', z', qui passent par ce point avant la déformation. La déformation étant très petite, l'axe variable des z' fera partout un très petit angle avec l'axe des z, et l'on pourra remplacer les dérivées par rapport à z' et par rapport à s par des dérivées par rapport à z. On voit encore facilement qu'on pourra remplacer les déplacements u', v', ω' qui ont lieu par rapport aux axes des x', y', z' par les déplace-

ments u, v, w pris par rapport aux axes des x, y, z. Enfin, les forces F_1, F_2, F et les couples $\mathfrak{I}_1$, $\mathfrak{I}_2$, $\mathfrak{I}$ peuvent être supposés pris par rapport aux axes fixes des x, y, z, et nous les remplacerons respectivement par U, V, W et $\mho$, $\wp$, $\mathfrak{w}$.

D'après cela, les deux dernières équations (2) deviennent

(4) $\qquad E x^2 \sigma \dfrac{d^2 v}{dz^2} = -B + \mho, \qquad E \lambda^2 \sigma \dfrac{d^2 u}{dz^2} = -A - \wp.$

Si nous intégrons les deux dernières équations (4), nous aurons

$$A = A' + \int_z^L U\, ds, \qquad B = B' + \int_z^L V\, ds.$$

L étant la longueur de la tige et A', B' étant les valeurs données de A et de B à l'extrémité $s = L$.

Différentions les équations (4) par rapport à z, et nous obtiendrons ces deux équations semblables,

(5) $\qquad \begin{cases} E x^2 \sigma \dfrac{d^3 v}{dz^3} = V + \dfrac{d\mho}{dz}, \\ E \lambda^2 \sigma \dfrac{d^3 u}{dz^3} = U - \dfrac{d\wp}{dz}. \end{cases}$

Il faut ensuite former les conditions aux limites pour chaque extrémité de la tige.

Faisons $z = L$ dans les équations (4) et désignons par $\mho'$, $\wp'$ les valeurs données de $\mho$ et $\wp$ pour $z = L$, et nous aurons d'abord ces deux conditions

(6) $\qquad \begin{cases} E x^2 \sigma \left(\dfrac{d^2 v}{dz^2}\right)_L = -B' + \mho', \\ E \lambda^2 \sigma \left(\dfrac{d^2 u}{dz^2}\right)_L = -A' - \wp'. \end{cases}$

S'il n'existe qu'une force (A', B', C') appliquée à l'extrémité $s = L$, les couples $\mho$ et $\wp$ sont nuls, et l'on a

(7) $\qquad \left(\dfrac{d^2 v}{dz^2}\right)_L = 0, \qquad \left(\dfrac{d^2 u}{dz^2}\right)_L = 0.$

Mais si un levier rigide agit sur cette extrémité de la tige, la force qui est appliquée à l'extrémité du levier peut être remplacée par une force appliquée à l'extrémité de la tige et par un couple. Désignons par $\mathcal{A}'$, $\mathcal{B}'$, $\mathcal{C}'$ les composantes de l'axe de ce couple par rapport aux axes des x, y, z, nous aurons, au lieu des conditions (7), les suivantes :

$$(7') \qquad E\lambda^2 \sigma \left(\frac{d^2 v}{dz^2}\right)_1 = -\mathcal{A}', \qquad E\lambda^2 \sigma \left(\frac{d^2 u}{dz^2}\right)_1 = \mathcal{B}'.$$

Supposons aussi qu'on écrive les conditions relatives à l'autre extrémité $s = 0$, par exemple celles de la fixité et de l'encastrement exprimées par

$$(8) \qquad u = 0, \quad v = 0, \quad \frac{du}{ds} = 0, \quad \frac{dv}{ds} = 0;$$

alors on aura toutes les conditions suffisantes pour déterminer complètement les déplacements u et v. Remarquons que ces déplacements seront fournis par des équations entièrement distinctes.

20. *Cas où la force C est très grande.* — Si la force C est très grande, il faudra tenir compte, dans les deux dernières équations (1), de deux termes multipliés par C, que nous y avons négligés comme très petits. Au lieu de partir des équations (2), partons des équations (A) du n° 6, nous en tirerons, en négligeant des quantités très petites,

$$(9) \quad A + Ca = H + \int_s^1 U\, ds, \quad B + Cb = H' + \int_s^1 V\, ds, \quad C = T + \int_s^1 W\, ds.$$

les quantités H, H', T étant des constantes.

Nous avons ensuite (n° 3)

$$a = \cos(z', x) = \frac{dx}{ds}, \qquad b = \cos(z', y) = \frac{dy}{ds}$$

ou

$$a = \frac{du}{ds}, \qquad b = \frac{dv}{ds}.$$

C étant très grand, par hypothèse, a pour valeur approchée la constante T, et nous déduirons des équations (9)

$$A = H - T\frac{du}{dz} + \int_s^L U\,ds,$$
$$B = H' - T\frac{dv}{dz} + \int_s^L V\,ds.$$

Faisons $s = L$ dans ces deux équations, et nous aurons ces deux conditions

$$A' = H - T\left(\frac{du}{dz}\right)_L, \qquad B' = H' - T\left(\frac{dv}{dz}\right)_L,$$

qui déterminent les deux constantes H et H'.

D'après les équations (2), on a

(10)
$$\begin{cases} \dfrac{d\mathcal{A}}{ds} - H' + T\dfrac{dv}{dz} - \int_s^L V\,ds + \mho = 0, \\ \dfrac{d\mathcal{B}}{ds} + H - T\dfrac{du}{dz} + \int_s^L U\,ds + \mho = 0, \end{cases}$$

et, en différentiant ces deux équations par rapport à s ou z, on obtient

(11)
$$\begin{cases} E\lambda^2\sigma\dfrac{d^3v}{dz^3} = T\dfrac{d^2v}{dz^2} + V + \dfrac{d\mho}{dz}, \\ E\lambda^2\sigma\dfrac{d^3u}{dz^3} = T\dfrac{d^2u}{dz^2} + U - \dfrac{d\mho}{dz}. \end{cases}$$

Les équations (11) détermineront les expressions générales de u et v. Les conditions (6), (7) et (8) détermineront les constantes introduites par l'intégration si l'extrémité $s = 0$ est encastrée.

21. Occupons-nous ensuite de la torsion de la tige. D'après la troisième formule (3), on a, pour le moment de torsion,

$$\mathfrak{O} = E\nu^2\sigma\dfrac{d\omega}{ds},$$

et, d'après la première équation (2), l'angle de torsion ω est donné par l'équation

(12) $$E\nu^2\sigma\frac{d^2\vartheta}{dz^2}+\Psi=0;$$

ν^2 est une quantité qui varie avec la forme du contour de la section (n° 8).

La condition relative à l'extrémité $z=l$ sera

$$E\nu^2\sigma\left(\frac{d\vartheta}{dz}\right)_l=\epsilon',$$

et ϑ sera nul à l'autre extrémité si elle est encastrée.

22. Calculons enfin la dilatation longitudinale. D'après la troisième équation (9), on a

(13) $$\frac{dC}{dz}=-W.$$

Or, d'après la formule de la dilatation longitudinale d'une tige, on a

$$\frac{dw}{dz}=\frac{C}{E\sigma},$$

et, par suite, l'équation précédente devient

$$E\sigma\frac{d^2w}{dz^2}=-W.$$

En faisant $z=l$ dans (13), on a cette condition à l'extrémité

$$E\sigma\left(\frac{dw}{dz}\right)_l=-T,$$

T étant la force appliquée à cette extrémité dans la direction de la tige.

Vibrations transversales, longitudinales et tournantes des tiges droites.

23. Il suffit d'introduire la force d'inertie dans les équations de l'équilibre d'élasticité d'une tige droite pour avoir les équations de

son mouvement vibratoire, et ces secondes équations auront le même degré d'approximation que les premières.

Ainsi, pour avoir les équations du mouvement transversal, en désignant par D la densité de la tige, nous remplacerons, dans les équations (11), U et V par

$$U - D\int \frac{d^2u}{dt^2}d\sigma, \quad V - D\int \frac{d^2v}{dt^2}d\sigma$$

ou, plus simplement, par

$$U - D\sigma \frac{d^2u}{dt^2}, \quad V - D\sigma \frac{d^2v}{dt^2},$$

u et v se rapportant alors à l'axe de la tige.

Les forces extérieures, qui se réduisent ordinairement à la pesanteur, peuvent être supposées avoir des moments nuls ; donc il suffira de remplacer υ et ϖ par

$$-D\int \frac{d^2w}{dt^2}y\,d\sigma, \quad D\int \frac{d^2w}{dt^2}x\,d\sigma,$$

ainsi qu'il résulte des expressions de $\mathfrak{J}_1, \mathfrak{J}_2$ (n° 18). On voit facilement que ces termes sont négligeables. On a donc, pour les équations du mouvement transversal,

$$E\varkappa^2 \sigma \frac{d^4v}{dz^4} = T\frac{d^2v}{dz^2} + V - D\sigma \frac{d^2v}{dt^2},$$

$$E\lambda^2 \sigma \frac{d^4u}{dz^4} = T\frac{d^2u}{dz^2} + U - D\sigma \frac{d^2u}{dt^2}.$$

Si les forces extérieures sont négligeables et si la tension T n'est pas très grande, les équations du mouvement transversal se réduiront à

$$\frac{d^2v}{dt^2} = -\frac{E\varkappa^2}{D}\frac{d^4v}{dz^4}, \quad \frac{d^2u}{dt^2} = -\frac{E\lambda^2}{D}\frac{d^4u}{dz^4}.$$

Si l'extrémité $z = L$ est libre et n'est sollicitée par aucune force, nous aurons, d'après les équations (6), ces conditions aux limites

$$\left(\frac{d^2v}{dz^2}\right)_L = 0, \quad \left(\frac{d^2u}{dz^2}\right)_L = 0,$$

auxquelles nous joindrons les conditions (7)

$$\left(\frac{d^2v}{dz^2}\right)_L = 0, \quad \left(\frac{d^2u}{dz^2}\right)_L = 0.$$

De même, d'après le n° 22, on obtient, pour le mouvement longitudinal de la tige, l'équation

$$D\frac{d^2w}{dt^2} = E\frac{d^2w}{dz^2},$$

et l'on aura pour condition à une extrémité libre

$$\frac{dw}{dz} = 0.$$

24. Enfin occupons-nous des vibrations tournantes. Il faudra faire, dans l'équation (12) du n° 21,

$$\mathcal{V} = -D\int\left(x\frac{d^2v}{dt^2} - y\frac{d^2u}{dt^2}\right)d\sigma.$$

Désignons par ψ l'angle très petit de rotation autour de l'axe des z; nous aurons

$$u = -\psi y, \quad v = \psi x$$

et, par suite,

$$\mathcal{V} = -D\int(x^2+y^2)\frac{d^2\psi}{dt^2}d\sigma = -D(x^2+\lambda^2)\sigma\frac{d^2\psi}{dt^2}.$$

Nous obtenons ainsi, pour l'équation générale des vibrations tournantes,

$$(p) \qquad D(x^2+\lambda^2)\frac{d^2\psi}{dt^2} = E\nu^2\frac{d^2\psi}{dz^2}.$$

A une extrémité libre on aura pour condition

$$\frac{d\psi}{dz} = 0,$$

et à une extrémité fixe

$$\psi = 0.$$

Lorsque la section σ est une ellipse, dont les demi-axes sont a et b,

M. — Élast.

on a (Chap. III, n° 18)

$$\lambda = \frac{a}{2}, \qquad \varkappa = \frac{b}{2}, \qquad v^2 = \frac{\mu}{E}\frac{a^2 b^2}{a^2 + b^2};$$

ainsi l'équation (p) devient

$$\frac{d^2 y}{dt^2} = \frac{4 a^2 b^2}{D(a^2+b^2)^2}\mu \frac{d^2 y}{dz^2}$$

et, si la section est circulaire,

$$\frac{d^2 y}{dt^2} = \frac{\mu}{D}\frac{d^2 y}{dz^2}.$$

On peut remarquer que les vibrations tournantes sont assujetties à une équation et à des conditions aux limites, toutes semblables à celles qui déterminent les vibrations longitudinales.

Dans le cas où la tige est circulaire, le mouvement vibratoire tournant de la tige, qui s'effectue sans changement de densité, ne devrait pas agiter l'air. Cependant un son est ordinairement entendu, comme l'a constaté Chladni, et il faut attribuer ce fait à une perturbation, d'après laquelle les points de la tige ne décrivent pas exactement des arcs de cercle autour d'un axe fixe.

Dans le Chapitre VII, nous nous occuperons de l'intégration des équations précédentes; mais nous reviendrons aussi sur la détermination de ces équations différentielles.

CHAPITRE VI.

ÉQUILIBRE ET MOUVEMENT VIBRATOIRE DES PLAQUES ET MEMBRANES PLANES.

La théorie de l'équilibre et du mouvement vibratoire des plaques minces, homogènes, planes et d'épaisseur constante, a été traitée rigoureusement, pour la première fois, par Poisson (*Mémoires de l'Académie des Sciences*, t. VIII, 1829). Mais, en partant, comme Kirchhoff, de l'expression du travail des forces élastiques provenant de la déformation d'une plaque, on simplifie beaucoup cette théorie.

Expression du travail des forces élastiques dans une plaque plane.

1. La plaque homogène est comprise entre deux plans parallèles très rapprochés et terminée par un bord cylindrique normal à ces deux plans. Nous prendrons pour plan des x, y le plan moyen de cette plaque, en sorte que les deux faces de la plaque auront pour équations
$$z = \pm \varepsilon.$$

Écrivons ainsi les expressions des forces élastiques

$$N_1 = (\lambda + 2\mu)\delta + \lambda\delta_1 + \lambda\delta_2, \quad T_1 = \mu g,$$
$$N_2 = \lambda\delta + (\lambda + 2\mu)\delta_1 + \lambda\delta_2, \quad T_2 = \mu g_1,$$
$$N_3 = \lambda\delta + \lambda\delta_1 + (\lambda + 2\mu)\delta_2, \quad T_3 = \mu g_2,$$

en posant
$$\delta = \frac{du}{dx}, \quad \delta_1 = \frac{dv}{dy}, \quad \delta_2 = \frac{dw}{dz},$$
$$g = \frac{dv}{dz} + \frac{dw}{dy}, \quad g_1 = \frac{dw}{dx} + \frac{du}{dz}, \quad g_2 = \frac{du}{dy} + \frac{dv}{dx}.$$

172   CHAPITRE VI.

Les forces élastiques N_3, T_2, T_1 agissent sur chaque élément de surface perpendiculaire à l'axe des z suivant les axes des z, des x et des y, et, comme on supposera que la plaque n'est sollicitée que sur son bord par des pressions ou tensions venant de l'extérieur, ces trois forces sont nulles sur les deux faces de la plaque.

Développons suivant les puissances de z les quantités suivantes

$$N_1 = \mathfrak{b}_0 + \mathfrak{b}_1 z + \mathfrak{b}_2 \frac{z^2}{2} + \ldots, \quad N_2 = \mathfrak{b}_0 + \mathfrak{b}_1 z + \ldots, \quad N_3 = \mathfrak{c}_0 + \mathfrak{c}_1 z + \ldots,$$

$$u = u_0 + u_1 z + u_2 \frac{z^2}{2} + \ldots, \quad v = v_0 + v_1 z + \ldots, \quad w = w_0 + w_1 z + \ldots,$$

$$\vartheta = \frac{du_0}{dx} + \frac{du_1}{dx} z + \frac{du_2}{dx} \frac{z^2}{2} + \ldots, \quad \vartheta_1 = \frac{dv_0}{dy} + \frac{dv_1}{dy} z + \ldots, \quad g_1 = U_0 + U_1 z + \ldots.$$

en faisant dans g_1

$$U_0 = \frac{du_0}{dy} + \frac{dv_0}{dx}, \quad U_1 = \frac{du_1}{dy} + \frac{dv_1}{dx}, \quad U_2 = \frac{du_2}{dy} + \frac{dv_2}{dx}.$$

Les quantités u_0, v_0, w_0 sont les valeurs des déplacements u, v, w pour la surface moyenne de la plaque et ce sont les quantités que nous chercherons à déterminer.

2. D'après ce que nous avons vu (Chap. II, n° 6), le travail des forces élastiques qui s'exercent dans la plaque a pour expression

$$\mathfrak{F} = -\mu \int\int\int \left[\vartheta^2 + \vartheta_1^2 + \vartheta_2^2 + \tfrac{1}{2} g^2 + \tfrac{1}{2} g_1^2 + \tfrac{1}{2} g_2^2 + \frac{\lambda}{2\mu}(\vartheta + \vartheta_1 + \vartheta_2)^2 \right] dx\,dy\,dz,$$

où l'intégrale triple s'étend à tout le volume de la plaque.

D'après ce que nous venons de dire, T_1 est nul sur les deux faces $z = \pm \varepsilon$; si donc on pose, en développant T_1,

$$T_1 = \tau_0 + \tau_1 z + \tau_2 \frac{z^2}{2} + \ldots,$$

on aura

$$\tau_0 + \tau_2 \frac{\varepsilon^2}{2} = 0, \quad \tau_1 + \tau_3 \frac{\varepsilon^2}{6} = 0,$$

si l'on néglige les termes d'ordre supérieur à ε^2; on a donc

$$T_1 = -\tau_2 \frac{\varepsilon^2 - z^2}{2} + \ldots,$$

qui est de l'ordre de ε^2. La même chose a lieu pour T_2; donc aussi g et g_1 sont du même ordre, et l'on peut négliger leurs carrés dans l'expression de $\mathfrak{J}$.

N_4 est aussi nul sur les deux faces $z = \pm \varepsilon$; on en conclut

$$\lambda \partial + \lambda \partial_1 + (\lambda + 2\mu)\partial_4 = 0 \qquad \text{pour } z = \pm \varepsilon,$$

et il en résulte, comme ci-dessus, qu'on peut poser

$$\partial_4 = -\frac{\lambda}{\lambda + 2\mu}(\partial + \partial_1) + P(\varepsilon^2 - z^2).$$

où le dernier terme est de l'ordre ε^2.

Supprimant donc g et g_1 dans $\mathfrak{J}$ et remplaçant ∂_2 par la dernière expression, puis négligeant seulement les termes de l'ordre ε^3, on obtiendra

$$\mathfrak{J} = -\mu \iiint \left[\frac{2(\lambda + \mu)}{\lambda + 2\mu}(\partial^2 + \partial_1^2) + \frac{2\lambda}{\lambda + 2\mu}\partial \partial_1 + \tfrac{1}{2}g_2^2 \right] dx\, dy\, dz.$$

En remplaçant ∂, ∂_1 et g_2 par leurs développements, nous pourrons mettre $\mathfrak{J}$ sous la forme suivante

$$\mathfrak{J} = -\mu \iiint \left(\mathfrak{H}_0 + \mathfrak{H}_1 z + \mathfrak{H}_2 \frac{z^2}{2} \right) dx\, dy\, dz,$$

en posant

$$\frac{4(\lambda + \mu)}{\lambda + 2\mu} = a, \qquad \frac{2\lambda}{\lambda + 2\mu} = a - 2 = b,$$

$$\mathfrak{H}_0 = \frac{a}{2}\left[\left(\frac{du_0}{dx}\right)^2 + \left(\frac{dv_0}{dy}\right)^2\right] + b\frac{du_0}{dx}\frac{dv_0}{dy} + \tfrac{1}{2}U_0^2,$$

$$\mathfrak{H}_1 = a\left[\frac{du_0}{dx}\frac{du_1}{dx} + \frac{dv_0}{dy}\frac{dv_1}{dy}\right] + b\left(\frac{du_0}{dx}\frac{dv_1}{dy} + \frac{du_1}{dx}\frac{dv_0}{dy}\right) + U_0 U_1,$$

$$\mathfrak{H}_2 = a\left[\left(\frac{du_1}{dx}\right)^2 + \left(\frac{dv_1}{dy}\right)^2\right] + 2b\frac{du_1}{dx}\frac{dv_1}{dy} + U_1^2$$
$$+ a\left(\frac{du_0}{dx}\frac{du_2}{dx} + \frac{dv_0}{dy}\frac{dv_2}{dy}\right) + b\left(\frac{du_0}{dx}\frac{dv_2}{dy} + \frac{dv_0}{dy}\frac{du_2}{dx}\right) + U_0 U_2.$$

Emploi des conditions relatives aux faces de la plaque.

3. Sur les deux plans $z = \pm \varepsilon$ qui terminent la plaque, on a

(a) $\qquad N_1 = 0, \quad T_1 = 0, \quad T_2 = 0.$

Les deux dernières équations peuvent s'écrire

$$v_1 + v_2 z + v_3 \frac{z^2}{2} + \ldots + \frac{dw_0}{dy} + \frac{dw_1}{dy} z + \frac{dw_2}{dy} \frac{z^2}{2} + \ldots = 0,$$

$$\frac{dw_0}{dx} + \frac{dw_1}{dx} z + \ldots + u_1 + u_2 z + u_3 \frac{z^2}{2} + \ldots = 0$$

pour $z = \pm \varepsilon$, et l'on en conclut

(b) $\qquad \begin{cases} v_1 + \dfrac{dw_0}{dy} = 0, & v_2 + \dfrac{dw_1}{dy} = 0, \\[4pt] \dfrac{dw_0}{dx} + u_1 = 0, & \dfrac{dw_1}{dx} + u_2 = 0, \end{cases}$

en négligeant dans ces équations des termes en ε^2, ce qui est permis; car elles servent à calculer des quantités qui sont elles-mêmes multipliées par ε^2 dans l'expression de $\mathfrak{z}$ et dans les équations de l'équilibre d'élasticité de la plaque.

Ensuite la première équation (a), prise aux deux faces de la plaque, donnera de même

$$\mathfrak{z}_0 = (\lambda + 2\mu)w_1 + \lambda \frac{du_0}{dx} + \lambda \frac{dv_0}{dy} = 0,$$

$$\mathfrak{z}_1 = (\lambda + 2\mu)w_2 + \lambda \frac{du_1}{dx} + \lambda \frac{dv_1}{dy} = 0.$$

En ayant égard à la première de ces deux équations, les équations (b) deviendront

(c) $\qquad \begin{cases} v_1 = -\dfrac{dw_0}{dy}, & u_1 = -\dfrac{dw_0}{dx}, \\[6pt] v_2 = \dfrac{b}{a}\left(\dfrac{d^2 u_0}{dx\,dy} + \dfrac{d^2 v_0}{dy^2}\right), & u_2 = \dfrac{b}{a}\left(\dfrac{d^2 u_0}{dx^2} + \dfrac{d^2 v_0}{dx\,dy}\right). \end{cases}$

Équation du principe des vitesses virtuelles.

1. Désignons par X, Y, Z les composantes de la résultante des forces extérieures en chaque point et par unité de volume et par E, F, G les trois composantes des forces élastiques qui agissent sur le bord, estimées par unité de surface. Soient aussi $d\omega$ un élément de la surface cylindrique qui forme le bord et ds un élément du contour de la base du cylindre, nous aurons

$$d\omega = ds\, dz,$$

et nous obtiendrons, pour l'équation du principe des vitesses virtuelles (Chap. I, n° 20)

(A) $$\begin{cases} 0 = \delta \mathfrak{I} + \iiint (X\,\delta u + Y\,\delta v + Z\,\delta w)\,dx\,dy\,dz \\ \qquad + \iint (E\,\delta u + F\,\delta v + G\,\delta w)\,d\omega. \end{cases}$$

En effectuant dans l'expression de $\mathfrak{I}$ l'intégration par rapport à z de $-\varepsilon$ à $+\varepsilon$, on a

$$\mathfrak{I} = -2\mu\varepsilon \iint \left(\mathfrak{I}_0 + \frac{\varepsilon^2}{6}\mathfrak{I}_2\right) dx\,dy.$$

Ensuite, si l'on pose

$$X = X_0 + X_1 z + X_2 \frac{z^2}{2} + \ldots, \qquad Y = Y_0 + Y_1 z + \ldots, \qquad Z = Z_0 + Z_1 z + \ldots.$$

on aura de même

$$\iiint (X\,\delta u + Y\,\delta v + Z\,\delta w)\,dx\,dy\,dz$$
$$= 2\varepsilon \iint (X_0\,\delta u_0 + Y_0\,\delta v_0 + Z_0\,\delta w_0)\,dx\,dy$$
$$+ \frac{\varepsilon^3}{3} \iint (3X_1\,\delta u_1 + X_2\,\delta u_0 + X_0\,\delta u_2 + \ldots)\,dx\,dy.$$

Enfin, en posant encore

$$E = E_0 + E_1 z + E_2 \frac{z^2}{2}, \qquad F = F_0 + F_1 z + \ldots, \qquad G = G_0 + G_1 z + \ldots.$$

nous aurons

$$\iint (E\,\partial u + F\,\partial v + G\,\partial w)\,dz\,ds$$
$$= 2z \iint (E_0\,\partial u_0 + F\,\partial v_0 + G\,\partial w_0)\,ds$$
$$+ \frac{\varepsilon^3}{3} \iint (2 E_1\,\partial u_1 + E_2\,\partial u_0 + E_3\,\partial u_2 + \ldots)\,ds.$$

En général, on pourra réduire X, Y, Z, E, F, G à leur premier terme et, par suite, supprimer dans les deux formules précédentes les parties multipliées par ε^2.

D'après les deux premières formules (c), on peut poser

$$\mathfrak{H}_2 = H + H'$$

en faisant

$$H = a\left[\left(\frac{d^2 w_0}{dx^2}\right)^2 + \left(\frac{d^2 w_0}{dy^2}\right)^2\right] + 2b\,\frac{d^2 w_0}{dx^2}\,\frac{d^2 w_0}{dy^2} + 4\left(\frac{d^2 w_0}{dx\,dy}\right)^2,$$

$$H' = a\left(\frac{du_0}{dx}\,\frac{du_2}{dx} + \frac{dv_0}{dy}\,\frac{dv_2}{dy}\right) + b\left(\frac{du_0}{dx}\,\frac{dv_2}{dy} + \frac{dv_0}{dy}\,\frac{du_2}{dx}\right) + U_0 U_2;$$

la fonction H ne dépend que de w_0 et la fonction H' ne dépend, comme $\mathfrak{H}_0$, que de u_0 et v_0, ainsi qu'il résulte des expressions de u_2 et de v_2, données par les formules (c).

5. Kirchhoff et Clebsch ne tiennent compte, dans les dilatations et les glissements et, par suite, dans les forces élastiques, que des termes indépendants de z et des termes dépendants de la première puissance de z. Il s'ensuit qu'ils n'obtiennent pas H'; mais il est absolument indispensable de calculer H', afin de pouvoir reconnaître ensuite qu'il est en général négligeable.

On voit que w_0 entre dans $\partial\mathfrak{F}$ par la quantité ∂H et nullement par les quantités $\partial H'$ et $\partial\mathfrak{H}_0$, qui ne contiennent que u_0 et v_0. Il en résulte que w sera donné par une équation et des conditions aux limites qui ne renfermeront pas u_0 et v_0.

D'autre part, les équations en u et v seront formées au moyen de $\mathfrak{H}_0$ et de $H'\varepsilon^2$; mais les termes provenant de $H'\varepsilon^2$ seront en général négligeables devant les termes provenant de $\mathfrak{H}_0$. Nous réduirons donc $\mathfrak{H}_2$ à H.

Ainsi nous ferons, en supprimant maintenant l'indice $_0$ de w,

$$\delta\mathfrak{H}_1 = 2a\left(\frac{d^2w}{dx^2}\frac{d^2\delta w}{dx^2} + \frac{d^2w}{dy^2}\frac{d^2\delta w}{dy^2}\right)$$
$$+ 2b\left(\frac{d^2w}{dy^2}\frac{d^2\delta w}{dx^2} + \frac{d^2w}{dx^2}\frac{d^2\delta w}{dy^2}\right) + 8\frac{d^2w}{dx\,dy}\frac{d^2\delta w}{dx\,dy},$$

et, si nous posons

$$2\left(a\frac{d^2w}{dx^2} + b\frac{d^2w}{dy^2}\right) = \mathrm{P}, \quad 2\left(a\frac{d^2w}{dy^2} + b\frac{d^2w}{dx^2}\right) = \mathrm{Q},$$

nous aurons

$$\delta\mathfrak{H}_1 = \mathrm{P}\frac{d^2\delta w}{dx^2} + \mathrm{Q}\frac{d^2\delta w}{dy^2} + 8\frac{d^2w}{dx\,dy}\frac{d^2\delta w}{dx\,dy}.$$

Calcul du déplacement transversal de la plaque.

6. Occupons-nous des termes qui dépendent de δw dans l'équation du principe des vitesses virtuelles et qui doivent servir à déterminer le déplacement transversal w de la surface moyenne de la plaque.

Commençons par rappeler deux formules dont nous aurons besoin.

L'origine des coordonnées étant supposée à l'intérieur de la courbe s qui limite la base du contour, désignons par n la normale extérieure et par s l'arc compté à partir d'un point fixe dans le sens indiqué par la flèche, ou de Oy vers Ox (*fig.* 8). Désignons aussi par φ l'angle de

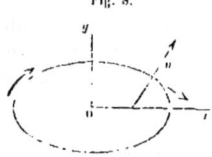

Fig. 8.

la normale n avec l'axe des x. Alors, si f représente une fonction quelconque des coordonnées x, y d'un point, et si nous supposons ce point situé sur le contour, nous aurons

$$\frac{df}{ds} = \frac{df}{dx}\sin\gamma - \frac{df}{dy}\cos\gamma,$$

$$\frac{df}{dn} = \frac{df}{dx}\cos\gamma + \frac{df}{dy}\sin\gamma$$

et, par suite,

(a) $$\frac{df}{dx} = \frac{df}{ds}\sin\gamma + \frac{df}{dn}\cos\gamma,$$

(b) $$\frac{df}{dy} = -\frac{df}{ds}\cos\gamma + \frac{df}{dn}\sin\gamma.$$

Nous allons ensuite transformer par l'intégration par parties l'intégrale

(B) $$\int\int\delta\mathfrak{B}_1\,dx\,dy = \int\int\left(\mathrm{P}\frac{d^2\hat{o}w}{dx^2} + \mathrm{Q}\frac{d^2\hat{o}w}{dy^2} + \mathrm{S}\frac{d^2w}{dx\,dy}\frac{d^2\hat{o}w}{dx\,dy}\right)dx\,dy.$$

7. L'élément ds étant regardé comme positif, nous avons, si f et ψ désignent deux fonctions de x, y,

(c) $$\int\int\psi\frac{df}{dx}\,dx\,dy = \int\psi f\cos\gamma\,ds - \int\int f\frac{d\psi}{dx}\,dx\,dy,$$

(d) $$\int\int\psi\frac{df}{dy}\,dx\,dy = \int\psi f\sin\gamma\,ds - \int\int f\frac{d\psi}{dy}\,dx\,dy,$$

formules où les intégrales doubles se rapportent à la surface renfermée dans le contour s et où les intégrales simples sont prises le long de ce contour.

En appliquant deux fois la formule (c), nous aurons

$$\int\int\mathrm{P}\frac{d^2\hat{o}w}{dx^2}\,dx\,dy = \int\mathrm{P}\cos\gamma\frac{d\hat{o}w}{dx}\,ds - \int\frac{d\mathrm{P}}{dx}\hat{o}w\cos\gamma\,ds + \int\int\frac{d^2\mathrm{P}}{dx^2}\hat{o}w\,dx\,dy.$$

En nous servant de la formule (a), nous avons

$$\int\mathrm{P}\cos\gamma\frac{d\hat{o}w}{dx}\,ds = \int\mathrm{P}\cos^2\gamma\frac{d\hat{o}w}{dn}\,ds + \int\mathrm{P}\sin\gamma\cos\gamma\frac{d\hat{o}w}{ds}\,ds.$$

Ensuite, la courbe s étant fermée, la dernière intégrale devient, par

ÉQUILIBRE ET MOUVEMENT VIBRATOIRE DES PLAQUES ET MEMBRANES PLANES. 179

l'intégration par parties,

$$-\int \frac{d}{ds}(\text{P}\sin\varphi\cos\varphi)\,\delta w\,ds.$$

Donc on a enfin

(I) $\quad\begin{cases}\displaystyle\int\int\text{P}\frac{d^2\delta w}{dx^2}dx\,dy = \int\text{P}\cos^2\varphi\frac{d\delta w}{dn}ds - \int\frac{d}{ds}(\text{P}\sin\varphi\cos\varphi)\,\delta w\,ds\\ \displaystyle\qquad\qquad -\int\frac{d\text{P}}{dx}\cos\varphi\,\delta w\,ds + \int\int\frac{d^2\text{P}}{dx^2}\delta w\,dx\,dy.\end{cases}$

Ensuite, en appliquant deux fois la formule (d), on a

$$\int\int\text{Q}\frac{d^2\delta w}{dy^2}dx\,dy = \int\text{Q}\sin\varphi\frac{d\delta w}{dy}ds - \int\frac{d\text{Q}}{dy}\sin\varphi\,\delta w\,ds + \int\int\frac{d^2\text{Q}}{dy^2}\delta w\,dx\,dy;$$

appliquant la formule (b) et intégrant par rapport à s, on obtient

$$\int\text{Q}\sin\varphi\frac{d\delta w}{dy}ds = \int\text{Q}\sin^2\varphi\frac{d\delta w}{dn}ds + \int\frac{d}{ds}(\text{Q}\sin\varphi\cos\varphi)\,\delta w\,ds.$$

On a donc

(II) $\quad\begin{cases}\displaystyle\int\int\text{Q}\frac{d^2\delta w}{dy^2}dx\,dy = \int\text{Q}\sin^2\varphi\frac{d\delta w}{dn}ds + \int\frac{d}{ds}(\text{Q}\sin\varphi\cos\varphi)\,\delta w\,ds\\ \displaystyle\qquad\qquad -\int\frac{d\text{Q}}{dy}\sin\varphi\,\delta w\,ds + \int\int\frac{d^2\text{Q}}{dy^2}\delta w\,dx\,dy.\end{cases}$

En intégrant par parties d'abord par rapport à x, ensuite par rapport à y, on a

$$\int\int\frac{d^2w}{dx\,dy}\frac{d^2\delta w}{dx\,dy}dx\,dy$$
$$=\int\frac{d^2w}{dx\,dy}\frac{d\delta w}{dy}\cos\varphi\,ds - \int\frac{d^3w}{dx^2\,dy}\sin\varphi\,\delta w\,ds + \int\int\frac{d^4w}{dx^2\,dy^2}\delta w\,dx\,dy;$$

appliquons la formule (b), et nous aurons

(III) $\quad\begin{cases}\displaystyle\int\int\frac{d^2w}{dx\,dy}\frac{d^2\delta w}{dx\,dy}dx\,dy\\ \displaystyle= \int\frac{d^2w}{dx\,dy}\sin\varphi\cos\varphi\frac{d\delta w}{dn}ds + \int\frac{d}{ds}\left(\frac{d^2w}{dx\,dy}\cos^2\varphi\right)\delta w\,ds\\ \displaystyle\quad -\int\frac{d^3w}{dx^2\,dy}\sin\varphi\,\delta w\,ds + \int\int\frac{d^4w}{dx^2\,dy^2}\delta w\,dx\,dy.\end{cases}$

Pour que l'expression de l'intégrale du premier membre se présente sous une forme plus symétrique, renversons l'ordre des deux intégrations; intégrons d'abord par rapport à y, ensuite par rapport à x, et nous aurons la formule suivante que nous ajouterons à la précédente

$$(IV) \quad \begin{cases} \int\int \dfrac{d^2w}{dx\,dy}\dfrac{d^2\delta w}{dx\,dy}dx\,dy \\ = \int \dfrac{d^2w}{dx\,dy}\sin\varphi\cos\varphi\dfrac{d\delta w}{dn}ds - \int \dfrac{d}{ds}\left(\dfrac{d^2w}{dx\,dy}\sin^2\varphi\right)\delta w\,ds \\ - \int \dfrac{d^4w}{dx\,dy^2}\cos\varphi\,\delta w\,ds + \int\int \dfrac{d^4w}{dx^2\,dy^2}\delta w\,dx\,dy. \end{cases}$$

Nous obtiendrons l'intégrale (B) en ajoutant les formules (I), (II) et quatre fois les intégrales (III) et (IV).

8. Si nous substituons ensuite la valeur de l'intégrale (B) dans l'équation (A) du principe des vitesses virtuelles et si nous égalons à zéro le coefficient de δw sous le signe double d'intégration, nous aurons

$$-\dfrac{\mu\varepsilon^3}{3}\left(\dfrac{d^2P}{dx^2} + \dfrac{d^2Q}{dy^2} + 8\dfrac{d^4w}{dx^2\,dy^2}\right) - 2\varepsilon Z = 0$$

ou

$$(C) \qquad -\dfrac{\mu a\varepsilon^2}{3}\left(\dfrac{d^4w}{dx^4} + 2\dfrac{d^4w}{dx^2\,dy^2} + \dfrac{d^4w}{dy^4}\right) + Z = 0;$$

c'est l'équation qui régit le déplacement w d'un point quelconque de la surface moyenne de la plaque, dans l'équilibre d'élasticité de cette plaque.

Cherchons ensuite les conditions relatives au contour.

Dans l'équation (A), parmi les termes soumis à l'intégration par rapport à s, ceux qui sont multipliés par $\dfrac{d\delta w}{dn}$ et ceux qui le sont par δw doivent s'annuler séparément.

Les termes multipliés par $\dfrac{d\delta w}{dn}$ donneront

$$P\cos^2\varphi + Q\sin^2\varphi + 8\dfrac{d^2w}{dx\,dy}\sin\varphi\cos\varphi = 0$$

ou, en remplaçant P et Q par leurs valeurs et a par $b+2$,

$$(2) \quad \frac{b}{3}\left(\frac{d^2w}{dx^2}+\frac{d^2w}{dy^2}\right)+\frac{d^2w}{dx^2}\cos^2\varphi + 2\frac{d^2w}{dx\,dy}\sin\varphi\cos\varphi + \frac{d^2w}{dy^2}\sin^2\varphi = 0;$$

c'est la première condition au contour.

Égalons ensuite à zéro le coefficient de δw sous le signe d'intégration par rapport à s, et nous aurons

$$\frac{\mu\varepsilon^3}{3}\left\{\frac{dP}{dx}\cos\varphi + \frac{d}{ds}(P\sin\varphi\cos\varphi) + \frac{dQ}{dy}\sin\varphi - \frac{d}{ds}(Q\sin\varphi\cos\varphi)\right.$$
$$\left. + 2\frac{d^3w}{dx^2\,dy}\sin\varphi + 2\frac{d^3w}{dx\,dy^2}\cos\varphi - 2\frac{d}{ds}\left[\frac{d^2w}{dx\,dy}(\cos^2\varphi - \sin^2\varphi)\right]\right\} + \varepsilon G = 0$$

ou

$$(3) \quad \begin{cases} 0 = G + \frac{\mu\varepsilon^2}{3}\left\{\frac{d}{ds}\left[\left(\frac{d^2w}{dx^2}-\frac{d^2w}{dy^2}\right)\sin\varphi\cos\varphi + \frac{d^2w}{dx\,dy}(\sin^2\varphi - \cos^2\varphi)\right]\right. \\ \left. + a\left(\frac{d^3w}{dx^3}+\frac{d^3w}{dx\,dy^2}\right)\cos\varphi + a\left(\frac{d^3w}{dx^2\,dy}+\frac{d^3w}{dy^3}\right)\sin\varphi\right\} \end{cases}$$

Les conditions au contour (2) et (3) sont exactement celles qui ont été données par Kirchhoff (30$^\text{te}$ *Vorlesung über mathematische Physik*).

Si la plaque était encastrée le long de son bord, le plan tangent ne changerait pas le long de ce bord; on aurait donc ces conditions sur le contour

$$w = 0, \quad \frac{dw}{dn} = 0,$$

et les termes, qui ont donné les conditions (2) et (3), s'annuleraient par les facteurs δw et $\delta\frac{dw}{dn}$.

Calcul du déplacement longitudinal dans la plaque.

9. Calculons $\int\int \delta\mathfrak{F}_0\, dx\, dy$. Si nous posons

$$a\frac{du}{dx} + b\frac{dv}{dy} = L, \quad a\frac{dv}{dy} + b\frac{du}{dx} = M,$$

nous avons

$$\delta\mathfrak{F}_0 = L\frac{d\delta u}{dx} + M\frac{d\delta v}{dy} + U_0\left(\frac{d\delta u}{dy} + \frac{d\delta v}{dx}\right),$$

et, en intégrant par parties, on obtient

$$\int\int \mathfrak{Z}_0\, dx\, dy = \int(L\cos\varphi + U_0 \sin\varphi)\,\delta u\, ds + \int(M\sin\varphi + U_0 \cos\varphi)\,\delta v\, ds$$
$$- \int\int \left(\frac{dL}{dx} + \frac{dU_0}{dy}\right)\delta u\, dx\, dy - \int\int \left(\frac{dM}{dy} + \frac{dU}{dx}\right)\delta v\, dx\, dy.$$

On déduit donc de l'équation (A) du principe des vitesses virtuelles, pour les déplacements longitudinaux u, v d'un point de la surface moyenne de la plaque, les deux équations

$$\mu\left(\frac{dL}{dx} + \frac{dU}{dy}\right) + X = 0,$$
$$\mu\left(\frac{dM}{dy} + \frac{dU}{dx}\right) + Y = 0$$

ou

(l) $\begin{cases} \mu\left(a\dfrac{d^2u}{dx^2} + \dfrac{d^2u}{dy^2} + (b+1)\dfrac{d^2v}{dx\,dy}\right) + X = 0, \\ \mu\left(a\dfrac{d^2v}{dy^2} + \dfrac{d^2v}{dx^2} + (b+1)\dfrac{d^2u}{dx\,dy}\right) + Y = 0. \end{cases}$

En égalant ensuite à zéro les coefficients de δu et de δv sous le signe d'intégration par rapport à s, on a ces conditions aux limites

(m) $\begin{cases} -\mu\left[\left(a\dfrac{du}{dx} + b\dfrac{dv}{dy}\right)\cos\varphi + \left(\dfrac{du}{dy} + \dfrac{dv}{dx}\right)\sin\varphi\right] + E = 0, \\ -\mu\left[\left(a\dfrac{dv}{dy} + b\dfrac{du}{dx}\right)\sin\varphi + \left(\dfrac{du}{dy} + \dfrac{dv}{dx}\right)\cos\varphi\right] + F = 0. \end{cases}$

Dans le cas où la plaque ne sera sollicitée que sur son contour par une tension partout la même, parallèle à la plaque et normale au contour, on devra poser

$$X = 0, \quad Y = 0, \quad E = A\cos\varphi, \quad F = A\sin\varphi,$$

A étant la tension constante, et l'on satisfera aux deux équations (l) et aux deux conditions (m) par des expressions de la forme

$$u = kx, \quad v = ky,$$

où k est constant.

Si la plaque a un mouvement vibratoire longitudinal au lieu d'être en équilibre, on aura simplement à remplacer, dans les équations (1), X et Y par

$$X = -\rho \frac{d^2 u}{dt^2}, \quad Y = -\rho \frac{d^2 v}{dt^2}.$$

Forme des conditions aux limites du mouvement transversal.

10. Les conditions (2) et (3) [n° 8] sont écrites sous une forme assez compliquée. Nous allons les mettre sous une forme très simple et très élégante.

L'élément dn de normale peut être défini ainsi. Concevons que le contour s fasse partie d'un système de lignes données par une même équation renfermant un paramètre variable; puis menons à ces lignes des trajectoires orthogonales; nous supposerons que dn appartienne à une de ces trajectoires. Si nous prenons, pour le premier système de courbes, des courbes parallèles, dn sera rectiligne.

D'après ce que nous avons démontré (*Théorie du Potentiel*, Chap. IV, n° 16), nous avons

$$\left(\frac{d^2w}{dx^2} - \frac{d^2w}{dy^2}\right)\sin\varphi\cos\varphi + \frac{d^2w}{dx\,dy}(\sin^2\varphi - \cos^2\varphi) = \frac{d\frac{dw}{ds}}{dn} + \frac{dw}{dn}\frac{d\varphi}{dn}$$

et aussi, en posant $\frac{d^2w}{dx^2} + \frac{d^2w}{dy^2} = \Delta w$,

$$\frac{d^2w}{dx^2}\cos^2\varphi + 2\frac{d^2w}{dx\,dy}\sin\varphi\cos\varphi + \frac{d^2w}{dy^2}\sin^2\varphi$$

$$= \frac{d^2w}{dx^2} + \frac{d^2w}{dy^2} - \left(\frac{d^2w}{dx^2}\sin^2\varphi - 2\frac{d^2w}{dx\,dy}\sin\varphi\cos\varphi + \frac{d^2w}{dy^2}\cos^2\varphi\right)$$

$$= \Delta w - \frac{d\frac{dw}{ds}}{ds} + \frac{dw}{dn}\frac{d\varphi}{ds}.$$

Enfin, en ayant égard à la formule

$$\frac{d}{dn} = \frac{d}{dx}\cos\varphi + \frac{d}{dy}\sin\varphi,$$

on met les conditions (α) et (β) sous la forme suivante :

$$(\gamma) \quad \begin{cases} \dfrac{a}{3}\Delta w = -\dfrac{d\dfrac{dw}{ds}}{ds} - \dfrac{dw}{dn}\dfrac{d\varsigma}{ds}, \\ \dfrac{a}{3}\dfrac{d\Delta w}{dn} = -\dfrac{d}{ds}\left(\dfrac{d\dfrac{dw}{ds}}{dn} + \dfrac{dw}{dn}\dfrac{d\varsigma}{dn}\right) - \dfrac{3}{2\mu\varepsilon^2}G. \end{cases}$$

La seconde condition peut encore être simplifiée, en prenant l'élément dn rectiligne, c'est-à-dire en prenant des courbes parallèles pour la famille de courbes à laquelle la ligne s appartient. En effet, on a alors

$$(\delta) \qquad \dfrac{d\varsigma}{dn} = 0,$$

ce qui simplifie cette condition.

Cependant, si l'on se propose de mettre en coordonnées curvilignes les équations du mouvement transversal, il ne faudra pas poser l'équation (δ), et les formules (γ) seront entièrement préparées pour faire la transformation en coordonnées curvilignes.

Mouvement vibratoire des plaques.

11. Occupons-nous ensuite des équations du mouvement vibratoire des plaques. Si l'on désigne par ρ la densité de la plaque et qu'on pose

$$\dfrac{\mu a \varepsilon^2}{3\rho} = k^2,$$

il suffira de faire

$$\chi = -\rho\dfrac{d^2 w}{dt^2}$$

dans l'équation (C) du n° 8, pour obtenir l'équation qui régit le déplacement transversal de la surface moyenne, et l'on aura

$$k^2\Delta\Delta w + \dfrac{d^2 w}{dt^2} = 0.$$

Les plaques qu'on fait vibrer ont, en général, leur bord libre, et nous ferons $G = 0$ dans la condition (3) du contour.

Considérons deux solutions simples

$$w = \zeta \sin k^2 kt, \qquad w' = \zeta' \sin k'^2 kt;$$

nous aurons ces deux équations

(1) $$\Delta \Delta \zeta = k^4 \zeta, \qquad \Delta \Delta \zeta' = k'^4 \zeta',$$

et ces conditions aux limites

(2) $$\begin{cases} \dfrac{a}{2} \Delta \zeta = \dfrac{d\frac{d\zeta}{ds}}{ds} - \dfrac{d\zeta}{dn} \dfrac{d_2}{ds}, \\ \dfrac{a}{2} \dfrac{d\Delta \zeta}{dn} = -\dfrac{d}{ds}\left(\dfrac{d\frac{d\zeta}{ds}}{dn} + \dfrac{d\zeta}{dn} \dfrac{d_2}{dn} \right), \end{cases}$$

auxquelles ζ' satisfait également.

La solution la plus générale est la somme d'une infinité de solutions simples, dont on peut déterminer les coefficients par les conditions initiales, c'est-à-dire si l'on connaît les déplacements des points de la surface moyenne de la plaque, ainsi que leur vitesse, à l'instant initial. Pour cela, on emploiera un procédé connu, en se servant de la formule que nous allons démontrer

(3) $$\int \zeta \zeta' \, d\omega = 0,$$

où $d\omega$ est un élément quelconque de la surface moyenne.

12. On a (*Théorie du Potentiel*, Chap. III, n° 17)

$$\int \zeta \Delta \Delta \zeta' \, d\omega - \int \zeta' \Delta \Delta \zeta \, d\omega = \int \left(\zeta \dfrac{d\Delta \zeta'}{dn} - \zeta' \dfrac{d\Delta \zeta}{dn} \right) ds + \int \left(\Delta \zeta \dfrac{d\zeta'}{dn} - \Delta \zeta' \dfrac{d\zeta}{dn} \right) ds.$$

Posons

$$I = \int \left(\zeta \dfrac{d\Delta \zeta'}{dn} - \zeta' \dfrac{d\Delta \zeta}{dn} \right) ds, \qquad J = \int \left(\Delta \zeta \dfrac{d\zeta'}{dn} - \Delta \zeta' \dfrac{d\zeta}{dn} \right) ds.$$

et, d'après les équations (1), la formule précédente deviendra

$$(l'^2 - l^2) \int \zeta \zeta' d\omega = I + J.$$

D'après la première condition (2) appliquée à ζ et ζ', on a

$$J = \frac{2}{a} \int \left(\frac{d\frac{d\zeta}{ds}}{ds} \frac{d\zeta'}{dn} - \frac{d\frac{d\zeta'}{ds}}{ds} \frac{d\zeta}{dn} \right) ds;$$

intégrons par parties, en remarquant que, la courbe s étant fermée, la quantité qui sort du signe d'intégration est nulle, et nous aurons

$$J = -\frac{2}{a} \int \left(\frac{d\zeta}{ds} \frac{d\frac{d\zeta'}{dn}}{ds} - \frac{d\zeta'}{ds} \frac{d\frac{d\zeta}{dn}}{ds} \right) ds.$$

Posons

$$L = \frac{d\frac{d\zeta}{ds}}{dn} + \frac{d\zeta}{dn} \frac{d\omega}{dn} = \frac{d\frac{d\zeta}{dn}}{ds} + \frac{d\zeta}{ds} \frac{d\omega}{ds},$$

et désignons par L' la même expression dans laquelle ζ est changé en ζ'.

En nous servant de la première expression de L et de la seconde condition (2), nous aurons

$$I = -\frac{2}{a} \int \left(\zeta \frac{dL'}{ds} - \zeta' \frac{dL}{ds} \right) ds$$

et, en intégrant par parties,

$$I = \frac{2}{a} \int \left(L' \frac{d\zeta}{ds} - L \frac{d\zeta'}{ds} \right) ds;$$

remplaçons ensuite L et L' par leur seconde expression, et nous aurons

$$I = \frac{2}{a} \int \left(\frac{d\frac{d\zeta'}{dn}}{ds} \frac{d\zeta}{ds} - \frac{d\frac{d\zeta}{dn}}{ds} \frac{d\zeta'}{ds} \right) ds.$$

I est donc égal à J et de signe contraire, et la formule (3) est démontrée.

Si la plaque est encastrée sur son bord, on a, sur le bord, les conditions

$$w = 0, \quad w' = 0, \quad \frac{dw}{dn} = 0, \quad \frac{dw'}{dn} = 0;$$

par suite,

$$\zeta = 0, \quad \zeta' = 0, \quad \frac{d\zeta}{dn} = 0, \quad \frac{d\zeta'}{dn} = 0;$$

donc I et J sont nuls séparément, et l'on a encore l'équation (3).

Équations de condition données sur le bord de la plaque par Poisson et Cauchy.

13. Poisson a donné le premier une véritable théorie de l'équilibre d'élasticité et du mouvement vibratoire des plaques. Cauchy a ensuite repris la même question et a trouvé des équations identiques à celles de Poisson, du moins dans le cas où le bord n'est sollicité par aucun couple. Ils ont ainsi trouvé trois conditions aux limites auxquelles doit satisfaire le déplacement transversal w, tandis que la fonction w ne pourrait satisfaire à autant de conditions et que ces conditions doivent se réduire aux deux obtenues par Kirchhoff. Nous allons montrer comment on doit modifier l'analyse de ces deux grands géomètres.

La solution de Cauchy s'éloignant le plus de la vraie solution, commençons par celle-ci qui se présente aussi plus simplement.

Désignons par E, F, G les composantes de la force exercée sur le bord et estimée par unité de surface, en la supposant la même sur toute la longueur de la génératrice du cylindre qui forme le bord. Cauchy, sans avoir égard à la minceur de la plaque, exprime que cette force est, en chaque point du contour, égale à la force élastique exercée en ce point. On a ainsi, sur ce contour,

(1) $$\begin{cases} N_1 \cos\varphi + T_3 \sin\varphi = E, \\ T_3 \cos\varphi + N_2 \sin\varphi = F, \\ T_1 \cos\varphi + T_2 \sin\varphi = G. \end{cases}$$

Adoptons les notations et les résultats obtenus aux n°s 1-3. Égalons à zéro le terme indépendant de z et le terme multiplié par la première

188   CHAPITRE VI.

puissance de z dans les deux premières équations (1), et nous obtiendrons ces quatre équations

(2) $\quad A_0 \cos\varphi + \mu U_0 \sin\varphi = E, \quad \mu U_0 \cos\varphi + \mathfrak{W}_0 \sin\varphi = F,$
(3) $\quad A_1 \cos\varphi + \mu U_1 \sin\varphi = 0, \quad \mu U_1 \cos\varphi + \mathfrak{W}_1 \sin\varphi = 0.$

Nous avons vu qu'en posant

$$T_1 = \tau_0 + \tau_1 z + \tau_2 \frac{z^2}{2} + \ldots, \quad T_2 = \tau'_0 + \tau'_1 z + \ldots$$

on a

$$\tau_2 = -\tau_1 \frac{\varepsilon^2}{3}, \quad \tau'_2 = -\tau'_1 \frac{\varepsilon^2}{3}.$$

et la troisième équation (1) donne

$$\frac{\varepsilon^2}{3}(\tau_1 \cos\varphi + \tau'_1 \sin\varphi) + G = 0;$$

puis des équations générales de l'élasticité on tire immédiatement τ'_1 et τ'_2, et l'on met cette équation sous cette forme

(4) $\quad -\left(\dfrac{dA_1}{dx} + \mu\dfrac{dU_1}{dy} + \rho X_1\right)\cos\varphi - \left(\mu\dfrac{dU_1}{dx} + \dfrac{d\mathfrak{W}_1}{dy} + \rho Y_1\right)\sin\varphi + \dfrac{3G}{\varepsilon^2} = 0.$

On obtient ensuite

$$A_1 = (\lambda + 2\mu)\frac{du_1}{dx} + \lambda\frac{dv_1}{dy} + \lambda w_2,$$

$$\mathfrak{W}_1 = \lambda\frac{du_1}{dx} + (\lambda + 2\mu)\frac{dv_1}{dy} + \lambda w_2,$$

$$U_1 = \frac{du_1}{dy} + \frac{dv_1}{dx},$$

et l'on en conclut facilement

$$A_1 = -\mu\left(a\frac{d^2 w_0}{dx^2} + b\frac{d^2 w_0}{dy^2}\right), \quad \mathfrak{W}_1 = -\mu\left(b\frac{d^2 w_0}{dx^2} + a\frac{d^2 w_0}{dy^2}\right),$$

$$U_1 = 2\frac{d^2 w}{dx\,dy}.$$

Cela posé, on pourra reconnaître d'abord que les deux équations (2) se confondent avec les deux conditions au contour du mouvement longitudinal (n° 9).

On obtient ensuite, pour les équations (3) après les avoir divisées par $-\mu$,

$$(5) \qquad \left(a\frac{d^2w}{dx^2} + b\frac{d^2w}{dy^2}\right)\cos\gamma + a\frac{d^2w}{dx\,dy}\sin\gamma = 0,$$

$$(6) \qquad \left(a\frac{d^2w}{dy^2} + b\frac{d^2w}{dx^2}\right)\sin\gamma + a\frac{d^2w}{dx\,dy}\cos\gamma = 0.$$

Enfin, en supprimant les termes en X_1 et Y_1, comme nous avons déjà fait, nous obtenons, pour l'équation (4),

$$(7) \qquad a\left(\frac{d^3w}{dx^3} + \frac{d^3w}{dx\,dy^2}\right)\cos\gamma + a\left(\frac{d^3w}{dx^2\,dy} + \frac{d^3w}{dy^3}\right)\sin\gamma + \frac{2G}{\mu^2} = 0.$$

Les équations au contour (5), (6) et (7) sont celles qui ont été données par Cauchy, et l'on en peut déduire les deux conditions données par Kirchhoff, dans le cas où G est nul.

14. Pour adopter ensuite le raisonnement de Poisson, nous allons examiner les forces qui se trouvent sur le contour et les moments qu'elles produisent. Considérons d'abord la force élastique totale qui a lieu sur tout l'élément $2\varepsilon\,ds$ du contour, compris entre deux génératrices distantes de ds. Les composantes de cette force suivant les axes des x et des y doivent être égales à $2\varepsilon E\,ds$ et $2\varepsilon F\,ds$. Ainsi nous posons les deux équations

$$\int_{-\varepsilon}^{\varepsilon}(N_1\cos\gamma + T_2\sin\gamma)\,dz = 2\varepsilon E, \qquad \int_{-\varepsilon}^{\varepsilon}(T_2\cos\gamma + N_2\sin\gamma)\,dz = 2\varepsilon F,$$

et nous en concluons de nouveau les deux équations (2).

Désignons par $\mathcal{N}$, $\mathcal{S}$ les composantes suivant les x et y de la force élastique en chaque point de l'élément du contour $2\varepsilon\,ds$; nous aurons, pour la composante normale à l'élément ds,

$$\mathcal{N}\cos\gamma + \mathcal{S}\sin\gamma.$$

Exprimons que la somme des moments de ces forces par rapport à la tangente au contour de la surface moyenne est égale sur l'élément $2\varepsilon\,ds$ à un moment donné $H\,ds$. Nous aurons ainsi

$$\int (\mathcal{X}\cos\varphi + \mathcal{Y}\sin\varphi)z\,dz = H$$

ou, en développant $\mathcal{X}$ et $\mathcal{Y}$ suivant les puissances de z,

$$\int [(\mathcal{X}_0 + \mathcal{X}_1 z)\cos\varphi + (\mathcal{Y}_0 + \mathcal{Y}_1 z)\sin\varphi]z\,dz = H$$

ou encore

$$\frac{2\varepsilon^3}{3}(\mathcal{X}_1\cos\varphi + \mathcal{Y}_1\sin\varphi) = H.$$

Or on a

$$\mathcal{X}_1 = -\mu\left(a\frac{d^2w}{dx^2} + b\frac{d^2w}{dy^2}\right)\cos\varphi - 2\mu\frac{d^2w}{dx\,dy}\sin\varphi,$$

$$\mathcal{Y}_1 = -\mu\left(a\frac{d^2w}{dy^2} + b\frac{d^2w}{dx^2}\right)\sin\varphi - 2\mu\frac{d^2w}{dx\,dy}\cos\varphi.$$

Donc l'équation précédente devient

(8) $\quad 2\mu\dfrac{\varepsilon^3}{3}\left[b\left(\dfrac{d^2w}{dx^2}+\dfrac{d^2w}{dy^2}\right) + 2\left(\dfrac{d^2w}{dx^2}\cos^2\varphi + 2\dfrac{d^2w}{dx\,dy}\sin\varphi\cos\varphi + \dfrac{d^2w}{dy^2}\sin^2\varphi\right)\right] + H = 0;$

c'est la condition (z) trouvée au n° 8, lorsque H est nul. Elle résulte alors aussi d'une combinaison des équations (5) et (6).

15. La force élastique dirigée suivant l'axe des z et qui s'exerce sur l'élément $2\varepsilon\,ds$ du contour a pour expression

$$P\,ds = ds\int_{-\varepsilon}^{\varepsilon}(T_2\cos\varphi + T_1\sin\varphi)\,dz,$$

et l'on a

$$P = \mu\int_{-\varepsilon}^{\varepsilon}\left[\left(\tau_0 + \tau'_1 z + \tau'_2\frac{z^2}{2}\right)\cos\varphi + \left(\tau_0 + \tau_1 z + \tau_2\frac{z^2}{2}\right)\sin\varphi\right]dz$$

$$= \mu\left[\left(2\varepsilon\tau_0 + \tau'_2\frac{\varepsilon^3}{3}\right)\cos\varphi + \left(2\varepsilon\tau_0 + \tau_2\frac{\varepsilon^3}{3}\right)\sin\varphi\right].$$

Or on a

$$\tau'_0 = -\frac{\varepsilon^2}{2}\tau'_2,\qquad \tau_0 = -\frac{\varepsilon^2}{2}\tau_2;$$

l'expression de P devient donc

$$P = -\frac{2}{3}\mu\varepsilon^3(\tau_1\cos\varphi + \tau_4\sin\varphi)$$
$$= -\frac{2}{3}\mu\varepsilon^3\left[a\left(\frac{d^3w}{dx^3} + \frac{d^3w}{dx\,dy^2}\right)\cos\varphi + a\left(\frac{d^3w}{dx^2\,dy} + \frac{d^3w}{dy^3}\right)\sin\varphi\right].$$

Cherchons ensuite le moment de torsion $M\,ds$ qui a lieu autour d'une normale à la section moyenne et qui provient des forces qui s'exercent sur l'élément $2\varepsilon\,ds$.

La composante tangentielle de la force élastique pour toute valeur de z est
$$-\mathfrak{T}\cos\varphi + \mathfrak{X}\sin\varphi;$$
on a donc

$$M = -\int[(\mathfrak{T}_0 + \mathfrak{T}_1 z)\cos\varphi - (\mathfrak{X}_0 + \mathfrak{X}_1 z)\sin\varphi]\,z\,dz$$
$$= -\frac{2\varepsilon^3}{3}(\mathfrak{T}_1\cos\varphi - \mathfrak{X}_1\sin\varphi)$$
$$= -\frac{4\varepsilon^3}{3}\mu\left[\left(\frac{d^2w}{dx^2} - \frac{d^2w}{dy^2}\right)\sin\varphi\cos\varphi + \frac{d^2w}{dx\,dy}(\sin^2\varphi - \cos^2\varphi)\right].$$

Le couple $M\,ds$ résultant de forces tangentielles peut être remplacé par un couple formé de deux forces qui sont normales à la surface moyenne de la plaque et qui agissent aux extrémités du bras de levier ds. Ces deux forces au commencement et à l'extrémité de ds seront M et $-M$; sur l'élément ds qui suit, ces deux forces seront remplacées par $M + \frac{dM}{ds}ds$ et $-M - \frac{dM}{ds}ds$. Donc, au point de séparation des deux éléments ds, on a les deux forces $-M$ et $M + \frac{dM}{ds}ds$, qui se réunissent en la force $\frac{dM}{ds}ds$.

Donc, en définitive, l'élément $2\varepsilon\,ds$ peut être considéré comme sollicité suivant l'axe des z par la force

$$P\,ds + \frac{dM}{ds}ds;$$

si, tout le long du contour, on applique une force $2G\varepsilon$ parallèle à l'axe des z, on aura donc l'équation

$$P + \frac{dM}{ds} = z G.$$

et, en remplaçant P et M par leurs valeurs, on obtient

$$(9) \quad \begin{cases} \dfrac{d}{ds}\left[\left(\dfrac{d^2w}{dx^2} - \dfrac{d^2w}{dy^2}\right)\sin\varphi\cos\varphi + \dfrac{d^2w}{dx\,dy}(\sin^2\varphi - \cos^2\varphi)\right] \\ + a\left(\dfrac{d^3w}{dx^3} + \dfrac{d^3w}{dx\,dy^2}\right)\cos\varphi + a\left(\dfrac{d^3w}{dx^2\,dy} + \dfrac{d^3w}{dy^3}\right)\sin\varphi + \dfrac{3G}{\mu e^3} = 0. \end{cases}$$

C'est exactement l'équation (3) du n° 8. Poisson exprimait séparément l'égalité de P à G et l'égalité de M à zéro ou à un couple donné. La démonstration, qui précède, de l'équation (9) a été donnée par M. Boussinesq.

Remarquons ici les conditions aux limites à adopter si la plaque est simplement appuyée sur le bord, en sorte qu'elle puisse tourner librement autour de la ligne médiane du contour. Alors, pour l'équilibre, le moment autour de la tangente à cette ligne doit être nul; on a donc pour conditions au contour $w = 0$ et la condition (8) dans laquelle H est nul.

On doit remarquer que, dans ce cas encore, on peut appliquer l'équation (3) du n° 11.

Équilibre d'élasticité et mouvement vibratoire d'une membrane.

16. La membrane est supposée extrêmement mince et parfaitement flexible, en sorte qu'elle n'a pas de forme déterminée à l'état naturel et qu'elle n'acquiert l'élasticité que par suite des tensions qu'on y applique. Nous supposerons en outre cette membrane homogène, d'épaisseur constante, rendue plane et fixée sur tous les points de son bord. Toutes les conditions précédentes peuvent être réalisées par des feuilles de papier mince.

Dans la déformation d'une plaque, on a tenu compte de son épaisseur et, bien qu'on ait regardé cette épaisseur comme très petite par rapport aux autres dimensions de la plaque, on a eu égard à la variation des forces élastiques dans l'épaisseur de la plaque. Dans la membrane, l'épaisseur est considérée comme incomparablement plus petite que les déplacements des points de la membrane. Il n'y a donc plus lieu de développer les forces élastiques suivant les puissances de la distance à la surface moyenne, et ces forces seront considérées comme invariables dans toute l'épaisseur.

On peut encore employer, pour le travail qui s'opère dans la membrane, la formule adoptée pour les plaques

$$\mathfrak{I} = -\mu \int\int\int \left[\delta^2 + \delta_1^2 + \delta_2^2 + \tfrac{1}{2}g^2 + \tfrac{1}{2}g_1^2 + \tfrac{1}{2}g_2^2 + \frac{\lambda}{2\mu}(\delta + \delta_1 + \delta_2)^2 \right] dx\,dy\,dz,$$

où chaque élément de l'intégrale indique le travail dans l'élément correspondant $dx\,dy\,dz$ de la membrane. Mais maintenant, dans cette formule, il faut considérer les six quantités δ et g comme des déformations qui ont lieu dans la surface moyenne de cet élément de membrane et perpendiculairement à cette surface.

Les forces élastiques N_3, T_2, T_1 sont encore nulles, comme pour les plaques, aux deux surfaces (et, par suite, même nulles dans toute l'épaisseur). On en conclut, comme pour les plaques, que $\mathfrak{I}$ peut être mis sous la forme suivante (n° 2)

$$\mathfrak{I} = -\mu \int\int\int \left[\tfrac{a}{2}(\delta^2 + \delta_1^2) + b\,\delta\delta_1 + \tfrac{1}{2}g_2^2 \right] dx\,dy\,dz,$$

et, dans le cas actuel, cette expression peut être remplacée par

$$\mathfrak{I} = -\mu\varepsilon \int\int [a(\delta^2 + \delta_1^2) + 2b\,\delta\delta_1 + g_2^2] dx\,dy,$$

δ, δ_1, g_2 étant des déformations produites dans une surface devenue légèrement courbe.

17. Mettons le plan des xy dans le plan moyen de la membrane et, par un point M quelconque de cette surface après la déformation, menons des parallèles MA, MB, MC aux axes des x, y, z (*fig.* 9).

Par la déformation, la ligne très petite MA $= l$ sera entièrement déplacée et, en ramenant l'extrémité M à sa place primitive, sans changer la nouvelle direction de la droite, MA viendra en MA'; MA' a la direction de la trace du plan tangent sur le plan des xz. Donc, en

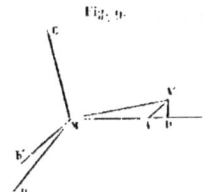

Fig. 9.

abaissant A'D perpendiculaire sur MA, on a

$$A'D = l\frac{dw}{dx}, \qquad AD = l\frac{du}{dx},$$

par suite,

$$MA' = l\sqrt{\left(1+\frac{du}{dx}\right)^2 + \left(\frac{dw}{dx}\right)^2},$$

et, comme $\frac{du}{dx}$ est en général très petit par rapport à $\frac{dw}{dx}$, on a

$$MA' = l\left[1 + \frac{du}{dx} + \frac{1}{2}\left(\frac{dw}{dx}\right)^2\right].$$

On a aussi

$$MA' = l(1+\delta);$$

il en résulte

(1) $$\delta = \frac{du}{dx} + \frac{1}{2}\left(\frac{dw}{dx}\right)^2;$$

on a de même

(2) $$\delta_1 = \frac{dv}{dy} + \frac{1}{2}\left(\frac{dw}{dy}\right)^2.$$

Calculons ensuite g_2. La quantité g_2 représente le décroissement de l'angle AMB (Chap. I, n° 14). Soit A'MB' ce que devient cet angle par la déformation. Les projections de MA' sur les axes de coordonnées sont

$$\left(1+\frac{du}{dx}\right)dx, \quad \frac{dv}{dx}dx, \quad \frac{dw}{dx}dx,$$

ÉQUILIBRE ET MOUVEMENT VIBRATOIRE DES PLAQUES ET MEMBRANES PLANES.

et celles de MB' sont

$$\frac{du}{dy}dy, \quad \left(1+\frac{dv}{dy}\right)dy, \quad \frac{dw}{dy}dy.$$

On a donc

$$\cos(A'MB') = \cos\left(\frac{\pi}{2}-g_2\right) = \frac{\frac{du}{dy}+\frac{dv}{dx}+\frac{dw}{dx}\frac{dw}{dy}}{\left(1+\frac{du}{dx}\right)\left(1+\frac{dv}{dy}\right)};$$

le dénominateur peut être réduit à l'unité, et l'on obtient

(3) $$g_2 = \frac{du}{dy}+\frac{dv}{dx}+\frac{dw}{dx}\frac{dw}{dy}.$$

18. Remplaçons maintenant les expressions (1), (2), (3) dans $\mathfrak{J}$, nous aurons

$$\mathfrak{J} = \mathfrak{J}_1 + \mathfrak{J}_2,$$

en posant

$$\mathfrak{J}_1 = -2p\epsilon \int\int \mathfrak{Z} \, dx \, dy, \qquad \mathfrak{J}_2 = -2p\epsilon \int\int \zeta \, dx \, dy,$$

$$\mathfrak{Z} = \frac{a}{2}\left[\left(\frac{du}{dx}\right)^2+\left(\frac{dv}{dy}\right)^2\right]+b\frac{du}{dx}\frac{dv}{dy}+\frac{1}{2}\left(\frac{du}{dy}+\frac{dv}{dx}\right)^2,$$

$$\zeta = \frac{a}{2}\left[\frac{du}{dx}\left(\frac{dw}{dx}\right)^2+\frac{dv}{dy}\left(\frac{dw}{dy}\right)^2\right]$$
$$+\frac{b}{2}\left[\frac{du}{dx}\left(\frac{dw}{dy}\right)^2+\frac{dv}{dy}\left(\frac{dw}{dx}\right)^2\right]+\left(\frac{du}{dy}+\frac{dv}{dx}\right)\frac{dw}{dx}\frac{dw}{dy}.$$

La première partie $\mathfrak{J}_1$ de $\mathfrak{J}$ a été déjà obtenue pour la plaque; elle donnera les deux mêmes équations pour les déplacements longitudinaux u et v, et l'on y ajoutera ces deux conditions au contour

$$u = 0, \quad v = 0.$$

La seconde partie $\mathfrak{J}_2$ servira à déterminer le déplacement transversal. Nous avons

$$\delta\mathfrak{J}_2 = -2p\epsilon \int\int \delta\zeta \, dx \, dy,$$

et, en supprimant les termes en δu et δv, qui seraient très petits par rapport à ceux qui entrent dans $\delta\mathfrak{J}_1$, et que, pour cette raison, nous avons pu négliger dans le calcul de u et v, nous aurons

$$\delta\xi = P\frac{d\delta w}{dx} + Q\frac{d\delta w}{dy},$$

en posant

$$P = a\frac{du}{dx}\frac{dw}{dx} + b\frac{dv}{dy}\frac{dw}{dx} + \left(\frac{du}{dy} + \frac{dv}{dx}\right)\frac{dw}{dy},$$

$$Q = a\frac{dv}{dy}\frac{dw}{dy} + b\frac{du}{dx}\frac{dw}{dy} + \left(\frac{du}{dy} + \frac{dv}{dx}\right)\frac{dw}{dx}.$$

Enfin, en intégrant par parties et observant que δw est nul sur le contour, on a

$$\delta \bar{\tau}_2 = -\mu\varepsilon \int\int \left(\frac{dP}{dx} + \frac{dQ}{dy}\right)\delta w\,dx\,dy.$$

Désignons par Z la force normale extérieure qui sollicite la membrane en chaque point, nous aurons, d'après le principe des vitesses virtuelles, pour l'équilibre d'élasticité de la membrane

$$\delta\bar{\tau}_2 + \mu\varepsilon \int Z\,\delta w\,dx\,dy = 0,$$

et nous en déduisons cette équation

(4) $$\mu\left(\frac{dP}{dx} + \frac{dQ}{dy}\right) + Z = 0.$$

19. Si la membrane est tendue également dans tous les sens à l'état naturel, et qu'elle ne soit sollicitée parallèlement au plan des xy que par des forces appliquées sur son contour pour la tendre, on satisfera aux équations générales en u et v (n° 9) en posant

(5) $$u = kx, \quad v = ky,$$

où k est un coefficient constant, et les expressions de P et Q peuvent être réduites à

$$P = (a+b)k\frac{dw}{dx}, \quad Q = (a+b)k\frac{dw}{dy}.$$

Ainsi le déplacement transversal w de la membrane sera donné par

l'équation
$$\mu(a+b)k\left(\frac{d^2w}{dx^2}+\frac{d^2w}{dy^2}\right)+Z=0.$$

Pour passer de l'équilibre au mouvement vibratoire, nous ferons
$$Z=-\rho\frac{d^2w}{dt^2},$$

et nous aurons pour l'équation de ce mouvement
$$\frac{d^2w}{dt^2}=\frac{\mu(a+b)k}{\rho}\left(\frac{d^2w}{dx^2}+\frac{d^2w}{dy^2}\right).$$

L'expression du coefficient du second membre peut être simplifiée. On a d'abord
$$a+b=\frac{2(3\lambda+2\mu)}{\lambda+2\mu}.$$

Si nous désignons par F la force avec laquelle la membrane est tendue, nous aurons
$$N_3=0, \qquad N_1=N_2=F$$
ou
$$(\lambda+2\mu)\frac{dw}{dz}+\lambda\left(\frac{du}{dx}+\frac{dv}{dy}\right)=0.$$
$$(\lambda+2\mu)\frac{du}{dx}+\lambda\frac{dv}{dy}+\lambda\frac{dw}{dz}=F,$$

et, en remplaçant $\frac{du}{dx}$ et $\frac{dv}{dy}$ d'après (5), on tire de ces deux équations
$$k=\frac{\lambda+2\mu}{2\mu(3\lambda+2\mu)}F.$$

On a donc enfin, pour l'équation du mouvement vibratoire de la membrane,
$$\frac{d^2w}{dt^2}=\frac{F}{\rho}\left(\frac{d^2w}{dx^2}+\frac{d^2w}{dy^2}\right),$$

et la condition sur le contour est $w=0$.

On pourra mettre la membrane en mouvement en soufflant de l'air sur une de ses faces.

Seconde solution du problème de la membrane.

20. La solution précédente a l'avantage de faire comprendre la différence essentielle qui existe entre le problème de la plaque et celui de la membrane. Mais on peut résoudre ce dernier problème d'une manière plus simple par les considérations employées par Poisson.

Les axes des x et y seront encore pris dans le plan moyen de la membrane, quand elle est tendue également dans tous les sens et à l'état de repos.

Sur les faces de la membrane et, par suite, sur la surface médiane, les forces élastiques sont nulles. Si donc, après la déformation, α, β, γ sont les angles de la normale à cette surface avec les trois axes, nous aurons, dans toute l'étendue de la membrane,

$$N_1 \cos\alpha + T_3 \cos\beta + T_2 \cos\gamma = 0,$$
$$T_3 \cos\alpha + N_2 \cos\beta + T_1 \cos\gamma = 0,$$
$$T_2 \cos\alpha + T_1 \cos\beta + N_3 \cos\gamma = 0.$$

On a ensuite, en faisant $p = \dfrac{dv}{dx}$, $q = \dfrac{dv}{dy}$,

$$\cos\alpha = \frac{-p}{\sqrt{1+p^2+q^2}}, \quad \cos\beta = \frac{-q}{\sqrt{1+p^2+q^2}}, \quad \cos\gamma = \frac{1}{\sqrt{1+p^2+q^2}},$$

formules qu'on pourra réduire à

$$\cos\alpha = -p, \quad \cos\beta = -q, \quad \cos\gamma = 1,$$

et les équations précédentes deviendront

$$(a) \quad \begin{cases} T_2 = p N_1 + q T_3, \quad T_1 = p T_3 + q N_2, \\ N_3 = p T_2 + q T_1 = p^2 N_1 + 2pq T_3 + q^2 N_2. \end{cases}$$

Pour plus de généralité, supposons l'épaisseur 2ε variable, et considérons l'équilibre du prisme qui a pour base $dx\,dy$ dans le plan des xy et qui est terminé aux deux faces de la membrane. Nous aurons à faire un raisonnement tout semblable à celui du n° 4 du Chapitre I;

les faces du prisme, perpendiculaires sur le plan des xy, sont sollicitées par des forces élastiques et, en égalant à zéro les composantes de ces forces suivant les trois axes de coordonnées, nous aurons ces trois équations

(b) $$\begin{cases} \dfrac{d(\varepsilon N_1)}{dx} + \dfrac{d(\varepsilon T_3)}{dy} + \varepsilon X = 0, \\ \dfrac{d(\varepsilon T_3)}{dx} + \dfrac{d(\varepsilon N_2)}{dy} + \varepsilon Y = 0, \\ \dfrac{d(\varepsilon T_2)}{dx} + \dfrac{d(\varepsilon T_1)}{dy} + \varepsilon Z = 0, \end{cases}$$

X, Y, Z étant les composantes des forces extérieures estimées par unité de volume.

Dans la troisième équation (b), remplaçons T_2, T_1 par les valeurs (a) et, en ayant ensuite égard aux deux premières équations (b), nous obtiendrons

$$N_1 \frac{dp}{dx} + T_3 \left(\frac{dq}{dx} + \frac{dp}{dy} \right) + N_2 \frac{dq}{dy} + Z - pX - qY = 0$$

ou

(c) $$N_1 \frac{d^2 w}{dx^2} + 2 T_3 \frac{d^2 w}{dx\,dy} + N_2 \frac{d^2 w}{dy^2} + Z - pX - qY = 0.$$

21. Prenons maintenant ε constant. Supposons pX et qY très petits devant Z, et exprimons que la membrane est également tendue dans tous les sens par une force F appliquée normalement en tous les points du contour et la même en tous ces points; nous aurons

$$T_3 = 0, \qquad N_1 = N_2 = F,$$

et l'équation (c) deviendra

$$F \left(\frac{d^2 w}{dx^2} + \frac{d^2 w}{dy^2} \right) + Z = 0.$$

Enfin, s'il n'existe pas de forces extérieures, l'équation du mouvement vibratoire sera

$$F \left(\frac{d^2 w}{dx^2} + \frac{d^2 w}{dy^2} \right) = \varepsilon \frac{d^2 w}{dt^2}.$$

Les quantités p et q étant très petites, la valeur de N_2 peut être considérée comme nulle d'après la troisième équation (a), et l'on a

$$(\lambda + \mu) \frac{dw}{dz} + \lambda \left(\frac{du}{dx} + \frac{dv}{dy} \right) = 0.$$

Portons cette valeur de $\frac{dw}{dz}$ dans N_1 et N_2; nous aurons

$$N_1 = \mu a \frac{du}{dx} + \mu b \frac{dv}{dy}, \quad N_2 = \mu b \frac{du}{dx} + \mu a \frac{dv}{dy},$$

$$T_1 = \mu \left(\frac{du}{dy} + \frac{dv}{dx} \right).$$

Enfin portons ces expressions dans les deux premières équations (b) réduites à

$$\frac{dN_1}{dx} + \frac{dT_1}{dy} + X = 0, \quad \frac{dT_1}{dx} + \frac{dN_2}{dy} + Y = 0,$$

et nous retrouvons ces deux équations du déplacement longitudinal

$$a \frac{d^2 u}{dx^2} + \frac{d^2 u}{dy^2} + (b+1) \frac{d^2 v}{dx\,dy} + \frac{1}{\mu} X = 0,$$

$$a \frac{d^2 v}{dy^2} + \frac{d^2 v}{dx^2} + (b+1) \frac{d^2 u}{dx\,dy} + \frac{1}{\mu} Y = 0,$$

avec les conditions $u = 0$, $v = 0$ sur le contour. Enfin, si X et Y sont nuls, d'après ce que nous avons dit (n° 19), u et v se réduisent à des expressions de la forme kx et ky.

Dans le Chapitre V du Ier Volume de ce Traité (*Cours de Physique mathématique*), j'ai étudié les mouvements vibratoires des membranes circulaires et elliptiques. En particulier, j'ai déterminé leurs lignes nodales et les divers sons qu'elles peuvent produire.

Équilibre d'élasticité d'une plaque circulaire.

22. Supposons une plaque circulaire horizontale. Sur tous les points de l'une de ses faces, on exerce des pressions normales, de manière que ces pressions soient les mêmes pour une même distance au centre de cette face.

Ce bord sera d'ailleurs ou entièrement libre, ou simplement appuyé ou encastré.

Adoptons des coordonnées polaires r et φ; r est la distance au centre et φ l'angle du vecteur r avec une direction fixe. Nous négligerons les déplacements horizontaux pour ne nous occuper que de ceux qui produisent la courbure de la plaque.

Si l'on considère dans la plaque un élément cylindrique dont la surface latérale est normale aux faces, ayant une base égale à τ et ayant pour hauteur l'épaisseur 2ε de la plaque, il sera sollicité verticalement par la force $2\varepsilon g \rho \tau$, où g est l'accélération de la pesanteur, et aussi à très peu près suivant la verticale par la force $\Pi \tau$, Π étant la pression exercée à la face supérieure; cet élément sera donc sollicité par $2\varepsilon\tau\left(g\rho + \dfrac{\Pi}{2\varepsilon}\right)$, et la plaque est dans un état qui diffère très peu de celui qui proviendrait d'une force extérieure verticale et égale à $g\rho + \dfrac{\Pi}{2\varepsilon}$.

Faisons $\mu a = \omega^2$ et, d'après la formule (C) du n° 8, on aura, pour l'équation du déplacement transversal,

$$-\frac{\omega^2\varepsilon^2}{3}\Delta\Delta w + g\rho + \frac{\Pi}{2\varepsilon} = 0.$$

Cette équation peut être remplacée par les deux suivantes

(1) $\qquad \Delta w = \psi, \qquad \Delta\psi = \sigma(\Pi + 2\varepsilon\rho g).$

en posant

$$\frac{3}{4\omega^2\varepsilon^3} = \sigma.$$

Désignons par p le poids de la plaque et par l son rayon; nous aurons

$$p = 2\pi l^2 \varepsilon \rho g,$$

et, comme w ne dépend pas de l'angle φ, les deux équations (1) peuvent s'écrire

(2) $\qquad \dfrac{d^2w}{dr^2} + \dfrac{1}{r}\dfrac{dw}{dr} = \psi,$

(3) $\qquad \dfrac{d^2\psi}{dr^2} + \dfrac{1}{r}\dfrac{d\psi}{dr} = \sigma\left(\Pi + \dfrac{p}{\pi l^2}\right).$

Si le bord est libre et que G soit une force tangentielle verticale qui sollicite le bord et reste constante tout le long de ce bord, les deux conditions au contour sont (n° 10)

$$\frac{a}{2}\Delta w + \frac{dw}{dn}\frac{d\varphi}{ds} = 0, \qquad a\frac{d\Delta w}{dr} = -\frac{3}{a^2}G,$$

et, comme on a actuellement

$$ds = -r\,d\varphi, \qquad \frac{d\varphi}{ds} = -\frac{1}{r},$$

ces deux conditions peuvent s'écrire

$$(4) \qquad \frac{a}{2}\varphi - \frac{1}{r}\frac{dw}{dr} = 0, \qquad \frac{d\varphi}{dr} = \frac{-3}{a^2}G.$$

Si le bord de la plaque est appuyé, les deux conditions du contour sont (n° 15)

$$(5) \qquad \frac{a}{2}\varphi - \frac{1}{r}\frac{dw}{dr} = 0, \qquad w = 0.$$

Enfin, si la plaque est encastrée, ces conditions sont

$$(6) \qquad w = 0, \qquad \frac{dw}{dr} = 0.$$

23. Intégrons l'équation (3); nous aurons

$$\frac{d\varphi}{dr} = \frac{2}{r}\int_0^r \mathrm{H}\,r\,dr + \frac{3p}{a^2 l^2}r + \frac{C'}{r},$$

$$\varphi = 2\int^r \frac{dr}{r}\int_0^r \mathrm{H}\,r\,dr + \frac{3p}{a^2 l^2}\frac{r^2}{4} + C.$$

en remarquant que la constante C' doit être nulle, afin que φ reste fini pour $r = 0$; puis, en appliquant l'intégration par parties, on a

$$\varphi = C + \frac{3p}{4 a^2 l^2}r^2 + 2\log\frac{r}{l}\int_0^r \mathrm{H}\,r\,dr - 2\int_0^r \mathrm{H}\,r\log\frac{r}{l}dr.$$

Remplaçons φ par cette valeur dans (2), multiplions par r et intégrons; nous aurons

$$r\frac{dw}{dr} = b + \frac{Cr^2}{2} + \frac{\sigma p}{16\pi t^3}r^3 + \sigma \int r\log\frac{r}{l}dr \int^{r} \Pi\, r\, dr$$
$$- \sigma \int r\, dr \int_0^{r} \Pi\, r\log\frac{r}{l}\, dr.$$

Des intégrations par parties on déduit

$$\int r\log\frac{r}{l}\,dr \int \Pi\, r\, dr = \int d\!\left(\frac{r^2}{2}\log\frac{r}{l} - \frac{r^2}{4}\right) \int \Pi\, r\, dr$$
$$= \left(\frac{r^2}{2}\log\frac{r}{l} - \frac{r^2}{4}\right) \int \Pi\, r\, dr - \int \Pi\!\left(\frac{r^2}{2}\log\frac{r}{l} - \frac{r^2}{4}\right) dr.$$

On reconnaît encore que la constante b est nulle, et l'on obtient

$$\frac{dw}{dr} = \frac{Cr}{2} + \frac{\sigma p}{16\pi t^3}r^3 + \sigma\!\left(\frac{r}{2}\log\frac{r}{l} - \frac{r}{4}\right)\!\int \Pi\, r\, dr$$
$$- \frac{\sigma r}{2}\int \Pi\, r\log\frac{r}{l}\,dr + \frac{\sigma}{2r}\int \Pi\, r^3\, dr.$$

Intégrant de nouveau, on a

$$w = f + \frac{Cr^2}{4} + \frac{\sigma p}{16\pi t^3}\frac{r^4}{4} + \frac{\sigma}{2}\int dr\!\left(r\log\frac{r}{l} - \frac{r}{2}\right)\!\int \Pi\, r\, dr$$
$$- \frac{\sigma}{2}\int r\, dr \int \Pi\, r\log\frac{r}{l}\,dr + \frac{\sigma}{2}\int \frac{dr}{r}\int \Pi\, r^3\, dr.$$

Les trois intégrales doubles de cette formule ont respectivement pour valeurs

$$\left(\frac{r^2}{2}\log\frac{r}{l} - \frac{r^2}{4}\right)\!\int \Pi\, r\, dr - \frac{1}{2}\int \Pi\, r^3\log\frac{r}{l}\,dr + \frac{1}{4}\int \Pi\, r^3\, dr,$$

$$\frac{r^2}{2}\int \Pi\, r\log\frac{r}{l}\,dr - \frac{1}{2}\int \Pi\, r^3\log\frac{r}{l}\,dr,$$

$$\log\frac{r}{l}\int \Pi\, r^3\, dr - \int \Pi\, r^3\log\frac{r}{l}\,dr.$$

En substituant dans l'expression de w et réduisant, on obtient

$$w = f + \frac{Cr^2}{4} + \frac{3p}{64\pi P} r^4 + \frac{3}{4} r^2 \left(\log \frac{r}{l} - 1 \right) \int_0^{r} \mathrm{H}\, r\, dr$$

$$- \frac{3}{4} \left(1 + \log \frac{r}{l} \right) \int_0^{r} \mathrm{H}\, r^3\, dr - \frac{3}{4} r^2 \int_0^{r} \mathrm{H}\, r \log \frac{r}{l} dr - \frac{3}{4} \int_0^{r} \mathrm{H}\, r^3 \log \frac{r}{l} dr.$$

C'est la formule donnée par Poisson.

24. Il ne reste plus qu'à déterminer les deux constantes C et f.

Si le bord de la plaque est libre, nous avons sur ce bord cette équation

$$\frac{d\Omega}{dr} = -\frac{3}{\omega^4 \varepsilon^4} G,$$

qui peut s'écrire

$$\frac{1}{l} \int_0^{l} \mathrm{H}\, r\, dr + \frac{p}{2\pi l} + 2\varepsilon G = 0,$$

et qui servira à déterminer la force G pour qu'il y ait équilibre.

Dans le cas de la plaque aux bords libres et dans celui de la plaque appuyée, on a la condition

$$\frac{a\Omega}{3} - \frac{1}{r} \frac{dv}{dr} = 0,$$

qui a lieu sur le contour. Il en résulte pour la valeur de C, dans les cas de la plaque à bords libres et de la plaque appuyée,

$$C = -3 \left[\frac{4a-1}{a-1} \frac{p}{8\pi} + \frac{1}{2(a-1)} \int_0^{l} \mathrm{H}\, r\, dr - \int_0^{l} \mathrm{H}\, r \log \frac{r}{l} dr - \frac{1}{2(a-1)} \frac{1}{l^2} \int_0^{l} \mathrm{H}\, r^3\, dr \right].$$

Si la plaque est encastrée, on a, d'après la seconde condition (6),

$$C = -3 \left[\frac{p}{8\pi} - \frac{1}{2} \int_0^{l} \mathrm{H}\, r\, dr - \int_0^{l} \mathrm{H}\, r \log \frac{r}{l} dr + \frac{1}{2l^2} \int_0^{l} \mathrm{H}\, r^3\, dr \right].$$

La valeur de f est indéterminée pour la plaque à bords libres; mais dans les deux autres cas, f se détermine par la condition $w = 0$

pour $r = l$. On a ainsi, dans ces deux cas,

$$f = -\frac{Cl^2}{4} - \frac{\sigma p}{64\pi}l^4 + \frac{\sigma l^2}{4}\int_0^l Hr\,dr - \frac{\sigma}{4}\int_0^l Hr^3\,dr$$
$$+ \frac{\sigma}{4}l^2\int_0^l Hr\log\frac{r}{l}\,dr + \frac{\sigma}{4}\int_0^l Hr^3\log\frac{r}{l}\,dr.$$

Posons

$$2\pi\int_0^l Hr\,dr = P,$$

en désignant ainsi par P le poids total de la charge, et nous aurons, en remplaçant C par sa valeur :

1° Pour la flèche de la plaque appuyée

$$f = \frac{l^2\sigma}{4}\left[\frac{3a-1}{16(a-1)}\frac{p}{\pi} + \frac{2a-1}{4(a-1)}\frac{P}{\pi} - \frac{2a-1}{2(a-1)}\frac{1}{l^2}\int_0^l Hr^3\,dr + \frac{1}{l^2}\int_0^l Hr^3\log\frac{r}{l}\,dr\right];$$

2° Pour la flèche de la plaque encastrée

$$f_1 = \frac{l^2\sigma}{4}\left[\frac{p}{16\pi} + \frac{P}{4\pi} - \frac{1}{2l^2}\int_0^l Hr^3\,dr + \frac{1}{l^2}\int_0^l Hr^3\log\frac{r}{l}\,dr\right].$$

25. Considérons le cas particulier où la charge P est également répartie sur toute la plaque. On aura alors

$$H = \frac{P}{\pi l^2},$$

et l'on en conclura, pour la grandeur de la flèche,

$$f = \frac{\sigma l^2}{64\pi}\frac{3a-1}{a-1}(p+P).$$

$$f_1 = \frac{\sigma l^2}{64\pi}(p+P).$$

En calculant l'expression de w, on reconnaîtra que la surface moyenne de la plaque affecte la forme d'un paraboloïde elliptique.

Considérons ensuite un second cas particulier : celui où la plaque, restant horizontale, est tirée par un poids suspendu à son centre. Il faudra alors appliquer les formules générales en supposant que H ne prend des valeurs sensibles que tout près du centre. Il en résulte que les intégrales

$$\int_0^l Hr^3\,dr, \qquad \int_0^l Hr^3\log\frac{r}{l}\,dr$$

seront négligeables devant

$$l^2\int_0^l Hr\,dr = \frac{l^2 p}{2\pi}.$$

On aura ainsi

$$(7) \quad \begin{cases} f = \dfrac{7 l^2}{16\pi}\dfrac{2a-1}{a-1}\left[P + \dfrac{3a-1}{4(2a-1)}p\right], \\ f_1 = \dfrac{7 l^2}{16\pi}\left(P + \dfrac{p}{4}\right). \end{cases}$$

Ces deux formules peuvent aussi servir à déterminer la pression qu'il faut exercer au centre de la plaque, pour que la flèche ait une longueur donnée.

Supposons une masse répartie également sur la surface supérieure et cherchons la pression qu'il faudra exercer au centre de la face inférieure de la plaque pour que ce centre reste au niveau des bords.

Désignons par p' le poids réuni de la plaque et de la masse qui la recouvre. Cette plaque peut être assimilée à une plaque identique de forme, mais de densité plus grande et dont le poids serait p'. Exerçons une pression P au centre pour que ce centre ne change pas de hauteur; alors la flèche sera nulle, et l'on déduit des formules (7), pour la pression à exercer,

$$P = -\frac{3a-1}{4(2a-1)}p' \qquad \text{ou} \qquad P = -\frac{p'}{4},$$

selon que le bord sera appuyé ou encastré, le signe — indiquant que la pression s'effectue en sens contraire de la pesanteur. Les appuis des bords de la plaque supporteront une pression égale à

$$p' - \frac{3a-1}{4(2a-1)}p' = \frac{5a-3}{4(2a-1)}p' \qquad \text{ou à} \qquad \tfrac{3}{4}p',$$

suivant les deux cas.

Toutes les formules précédentes se confondent avec celles qui ont été données par Poisson pour ce problème, lorsqu'on y fait $a = \frac{2}{3}$.

Mouvement vibratoire d'une plaque circulaire.

26. Le mouvement vibratoire transversal d'une plaque est donné par l'équation (n° 11)
$$k^2 \Delta\Delta w + \frac{d^2 w}{dt^2} = 0,$$

à laquelle il faut joindre les deux conditions relatives au bord

(1) $\quad \begin{cases} \dfrac{a}{2} \Delta w = \dfrac{d}{ds}\left(\dfrac{dw}{ds}\right) - \dfrac{dw}{dn}\dfrac{d\varepsilon}{ds}, \\ \dfrac{a}{2}\dfrac{d \Delta w}{dn} = -\dfrac{d}{ds}\left[\dfrac{d}{dn}\left(\dfrac{d\zeta}{ds}\right) + \dfrac{d\zeta}{dn}\dfrac{d\varepsilon}{dn}\right]. \end{cases}$

Pour avoir une solution simple, nous posons

(2) $\qquad\qquad w = \zeta \sin k^2 t,$

et nous avons ainsi
$$\Delta \Delta \zeta = k^2 \zeta.$$

En introduisant une fonction auxiliaire η, nous pouvons remplacer cette équation par les deux suivantes

(3) $\qquad\qquad k^2 \eta = \Delta \zeta, \qquad k^2 \zeta = \Delta \eta.$

Posons
$$2U = \eta + \zeta, \qquad 2V = \eta - \zeta; \qquad \text{d'où} \qquad \zeta = U - V, \qquad \eta = U + V,$$

et, en ajoutant et retranchant entre elles les deux équations (3), nous aurons

(4) $\qquad\qquad \Delta U = k^2 U, \qquad \Delta V = -k^2 V.$

Prenons des coordonnées polaires r, ψ dont l'origine soit au centre de la plaque, prise maintenant circulaire; les deux équations précédentes deviendront

$$\frac{d^2U}{dr^2} + \frac{1}{r}\frac{dU}{dr} + \frac{1}{r^2}\frac{d^2U}{d\varphi^2} = l^2 U,$$

$$\frac{d^2V}{dr^2} + \frac{1}{r}\frac{dV}{dr} + \frac{1}{r^2}\frac{d^2V}{d\varphi^2} = -l^2 V.$$

Désignons par n un nombre entier et posons

$$U = AX \sin n\varphi, \qquad V = BY \sin n\varphi;$$

ces deux équations se changent en les suivantes

$$\frac{d^2X}{dr^2} + \frac{1}{r}\frac{dX}{dr} - \left(\frac{n^2}{r^2} + l^2\right)X = 0,$$

$$\frac{d^2Y}{dr^2} + \frac{1}{r}\frac{dY}{dr} - \left(\frac{n^2}{r^2} - l^2\right)Y = 0$$

et, en remplaçant la variable r par

$$u = \frac{lr}{?},$$

en celles-ci

(5) $\begin{cases} \dfrac{d^2X}{du^2} + \dfrac{1}{u}\dfrac{dX}{du} - \left(\dfrac{n^2}{u^2} + 1\right)X = 0, \\ \dfrac{d^2Y}{du^2} + \dfrac{1}{u}\dfrac{dY}{du} - \left(\dfrac{n^2}{u^2} - 1\right)Y = 0. \end{cases}$

On en tire ces deux solutions particulières

$$X = \frac{u^n}{1.2\ldots n}\left[1 + \frac{u^2}{1(n+1)} + \frac{u^4}{1.2(n+1)(n+2)} + \frac{u^6}{1.2.3(n+1)(n+2)(n+3)} + \cdots\right],$$

$$Y = \frac{u^n}{1.2\ldots n}\left[1 - \frac{u^2}{1(n+1)} + \frac{u^4}{1.2(n+1)(n+2)} - \cdots\right],$$

auxquelles il faut réduire les valeurs de X et Y, les solutions générales étant infinies pour $u = 0$, comme on le voit facilement.

27. Dans les conditions (1), remplaçons ω par (2) et faisons, de plus,

$$du = dr, \qquad ds = r\,d\varphi, \qquad \frac{d\rho}{ds} = -\frac{d\varphi}{ds} = -\frac{1}{r};$$

en nous servant de la première équation (4), nous aurons, pour $r = R$, R étant le rayon du cercle de contour,

$$\frac{a}{2}l^2\eta_1 = \frac{1}{r^2}\frac{d^2\zeta}{d\psi^2} + \frac{1}{r}\frac{d\zeta}{dr},$$

$$\frac{a}{2}l^2\frac{d\eta_1}{dr} - \frac{1}{r^3}\frac{d^2\zeta}{d\psi^2} + \frac{1}{r^2}\frac{d^2\zeta}{dr\,d\psi} = 0.$$

Remplaçons η_1 et ζ par leurs valeurs

$$\eta_1 = (AX + BY)\sin n\tfrac{\psi}{2}, \qquad \zeta = (AX - BY)\sin n\tfrac{\psi}{2},$$

et ces deux conditions deviendront

$$\frac{a}{2}l^2(AX + BY) = -\frac{n^2}{r^2}(AX - BY) + \frac{1}{r}\left(A\frac{dX}{dr} - B\frac{dY}{dr}\right),$$

$$\frac{a}{2}l^2\left(A\frac{dX}{dr} + B\frac{dY}{dr}\right) + \frac{n^2}{r^3}(AX - BY) - \frac{n^2}{r^2}\left(A\frac{dX}{dr} - B\frac{dY}{dr}\right) = 0$$

ou, en remettant la variable u au lieu de r,

(p) $A\left[(n^2 + 2au^2)X - u\dfrac{dX}{du}\right] - B\left[(n^2 - 2au^2)Y - u\dfrac{dY}{du}\right] = 0,$

(q) $A\left[n^2 X - (n^2 - 2au^2)u\dfrac{dX}{du}\right] - B\left[n^2 Y - (n^2 + 2au^2)u\dfrac{dY}{du}\right] = 0,$

équations qui doivent avoir lieu pour $u = \frac{lR}{2}$. Elles doivent servir à déterminer l et le rapport de A à B.

Nous avons la formule

$$w = (AX - BY)\sin n\tfrac{\psi}{2}\sin l^2 kt$$

et, en ayant égard au rapport de A à B donné par l'équation (p), nous avons

(6) $w = C\sin l^2 kt \cdot P\sin n\tfrac{\psi}{2},$

où C est une constante arbitraire et où P a pour expression

$$P = X\left[(n^2 - 2au^2)Y - u\frac{dY}{du}\right]_{u = \frac{lR}{2}} - Y\left[(n^2 + 2au^2)X - u\frac{dX}{du}\right]_{u = \frac{lR}{2}}.$$

En éliminant $\frac{A}{B}$ entre (p) et (q), on obtient, pour $u = \frac{aR}{3}$,

$$(r) \quad \begin{cases} 0 = 4a n^2 u^2 XY - 4an^2 u^3 \left(X \frac{dY}{du} + Y \frac{dX}{du} \right) \\ \quad - [(n^2 - n^2)u + 4a^2 u^2] \left(X \frac{dY}{du} - Y \frac{dX}{du} \right) + 4au^3 \frac{dX}{du} \frac{dY}{du}. \end{cases}$$

28. Nous allons, comme Kirchhoff, développer le second membre de cette équation suivant les puissances de u.

On a

$$XY = \frac{u^{2n}}{(1.2\ldots n)^2} \left\{ \left[1 + \frac{u^2}{1.2(n+1)(n+2)} + \ldots \right]^2 \right.$$
$$\left. - u^2 \left[\frac{1}{1(n+1)} + \frac{u^2}{1.2.3(n+1)(n+2)(n+3)} + \ldots \right]^2 \right\},$$

et l'on obtient facilement

$$(s) \qquad XY = \frac{u^{2n}}{(1.2\ldots n)^2} (1 + B_1 u^2 + B_2 u^4 + B_3 u^{12} + \ldots),$$

en posant

$$B_k = \frac{(-1)^k}{1.2\ldots k \times (n+1)(n+2)\ldots(n+k) \times (n+1)(n+2)\ldots(n+2k)}.$$

De cette formule on peut déduire ensuite les autres expressions

$$L_1 = X \frac{dY}{du} + Y \frac{dX}{du}, \quad L_2 = \frac{dX}{du} \frac{dY}{du}, \quad L_3 = X \frac{dY}{du} - Y \frac{dX}{du},$$

qui entrent dans l'équation (r).

Différentions trois fois par rapport à u l'équation

$$L = XY$$

et remplaçons les dérivées de X, Y d'ordre supérieur au premier au moyen des équations (5), nous obtiendrons ainsi

$$\frac{dL}{du} = L_1, \qquad \frac{d^2L}{du^2} = \frac{2n^2}{u^2} L - \frac{1}{u} \frac{dL}{du} + 2L_2,$$

$$\frac{d^3L}{du^3} = -\frac{1}{u} \frac{d^2L}{du^2} + \frac{4n^2+1}{u^2} \frac{dL}{du} - \frac{4}{u} L_1 + 8L_2 - \frac{4n^2}{u^3} L.$$

ÉQUILIBRE ET MOUVEMENT VIBRATOIRE DES PLAQUES ET MEMBRANES PLANES. 211

et nous en tirons

$$L_1 = \frac{dL}{du}, \qquad 2L_1 = \frac{d^2L}{du^2} + \frac{1}{u}\frac{dL}{du} - \frac{2n^2}{u^2}L,$$

$$8L_3 = \frac{d^3L}{du^3} + \frac{3}{u}\frac{d^2L}{du^2} - \frac{4n^2-1}{u^2}\frac{dL}{du}.$$

Ensuite, d'après la valeur (s) de L, on trouve

$$L_1 = \frac{2u^{2n-1}}{(1.2\ldots n)^2}\left[n + \sum_{k=1}^{\infty}(n+2k)B_k u^{2k}\right],$$

$$L_2 = \frac{u^{2n-2}}{(1.2\ldots n)^2}\left\{n^2 + \sum_{k=1}^{\infty}[2(n+2k)^2 - n^2]B_k u^{2k}\right\},$$

$$L_3 = \frac{4u^{2n-3}}{(1.2\ldots n)^2}\sum_{k=1}^{\infty}k(n+k)(n+2k)B_k u^{2k}.$$

Après avoir écrit ainsi l'équation (r)

$$4an^2u^2L - 4an^2u^3L_1 + 4au^4L_2 - [(u^4-n^2)u + 4a^2u^3]L_3 = 0,$$

remplaçons L, L_1, L_2, L_3 par leurs développements en séries, nous aurons, en divisant par $4u^{2n-2}$,

$$0 = an^2\left(1 + \sum_{k=1}^{\infty}B_k u^{2k}\right) - 2an^2\left[n + \sum_{k=1}^{\infty}(n+2k)B_k u^{2k}\right]$$

$$+ a\left\{n^2 + \sum_{k=1}^{\infty}[2(n+2k)^2 - n^2]B_k u^{2k}\right\}$$

$$- (u^4 - n^2)\frac{1}{u^2}\sum_{k=1}^{\infty}k(n+k)(n+2k)B_k u^{2k}$$

$$- 4a^2\sum_{k=1}^{\infty}k(n+k)(n+2k)B_k u^{2k}.$$

Dans l'avant-dernier terme, faisons le changement indiqué par la formule suivante

$$\frac{1}{u^2}\sum_{k=1}^{z} k(n+k)(n+2k)B_k u^{2k}$$
$$= (n+1)(n+2)B_1 + \frac{1}{u^2}\sum_{k=2}^{z} k(n+k)(n+2k)B_k u^{2k}$$
$$= -\frac{1}{n+1} + \sum_{k=1}^{z}(k+1)(n+k+1)(n+2k+2)B_{k+1} u^{2k},$$

et, en remarquant que nous avons

$$B_{k+1} = \frac{-B_k}{(k+1)(n+k+1)(n+2k+1)(n+2k+2)},$$

nous obtenons enfin cette équation

$$0 = (2a-1)n^2(n-1)$$
$$+ \sum_{k=1}^{z} B_k u^{2k}\left[-\frac{n^2(n-1)}{n+2k+1} + 2a(n^3+2kn^2+4kn+4k^2) + 4a^2k(n+k)(n+2k)\right].$$

Cette équation en u a une infinité de racines qu'on calculera dans l'ordre de grandeur croissante $u_1, u_2, u_3, \ldots$; en les divisant par $\frac{R}{2}$, on obtiendra toutes les valeurs que peut avoir l pour une valeur entière donnée à n.

29. Pour simplifier, nous avons réduit la solution simple à la formule (6); mais on doit lui donner la forme plus compliquée

$$(u) \quad \begin{cases} w = \sin l^2 kt(A \sin n\psi + m \cos n\psi)P \\ + \cos l^2 kt(A' \sin n\psi + m' \cos n\psi)P. \end{cases}$$

Enfin, la solution la plus générale s'obtient en prenant une série double formée de la somme de ces solutions simples dans lesquelles on donne à n toutes les valeurs entières et à l les valeurs indiquées à la fin du numéro précédent. On déterminera ensuite les coefficients par une règle connue, assez de fois appliquée dans le premier volume de ce Traité pour qu'il soit inutile d'y revenir.

Au reste, les états vibratoires qu'on obtient ordinairement par l'expérience sont les états vibratoires simples fournis par la formule (u). La hauteur du son produit est égale à

$$\frac{p L}{2\pi}.$$

L'équation

(v) $\qquad\qquad\qquad P = 0$

fournira des lignes nodales; ce seront des cercles concentriques avec le bord et dont on calculera les rayons par cette équation. Si le rapport de λ' à $\mathfrak{M}'$ est égal à celui de λ à $\mathfrak{M}$, on aura d'autres lignes de nœuds données par l'équation

$$\lambda \sin n\psi + \mathfrak{M} \cos n\psi = 0;$$

ce seront des diamètres de la plaque qui la diviseront en $2n$ parties égales.

On constate, en effet, par l'expérience que, pour un même son, on peut obtenir des états vibratoires dont les lignes nodales circulaires sont données par l'équation (v), mais dans lesquels les lignes nodales diamétrales tantôt se trouvent et tantôt ne se trouvent pas. Dans le second cas, on voit une partie du sable répandu sur la plaque se disposer en diamètres, mais qui ne sont pas fixes et ont un mouvement d'oscillation.

Équilibre d'élasticité d'une plaque circulaire dont on maintient la déformation du bord.

30. Concevons qu'on déforme une plaque homogène, plane et d'épaisseur constante, par des forces appliquées sur son contour. On peut déterminer la forme de la plaque, quand on connaît la déformation de son bord; en d'autres termes, connaissant le déplacement normal du bord et l'inclinaison que prend la normale à ce bord sur sa direction primitive, on peut se proposer de déterminer le déplacement normal de chaque point de la surface moyenne de la plaque. Ce déplacement α

214   CHAPITRE VI.

satisfait, à l'intérieur du contour, à l'équation

(1) $$\frac{d^4w}{dx^4} + 2\frac{d^4w}{dx^2dy^2} + \frac{d^4w}{dy^4} = 0,$$

et (*Théorie du Potentiel*. Chap. III, n° 23) la valeur de w peut s'écrire

(2) $$w = p + \int \left(r^2 \log r - \frac{r^2}{2}\right) \psi(s)\, ds,$$

p désignant une fonction qui satisfait à l'équation

(3) $$\frac{d^2p}{dx^2} + \frac{d^2p}{dy^2} = 0,$$

et l'intégrale étant prise tout le long du contour s de la plaque; enfin r est la distance du point (x,y) à l'élément ds.

31. Supposons maintenant que le contour de la plaque soit un cercle. L'origine des coordonnées étant au centre, posons

$$x = R\cos z = ae^{\beta}\cos z, \qquad y = R\sin z = ae^{\beta}\sin z,$$

et regardons le cercle de contour comme donné par $R = a$; l'équation (3) peut s'écrire

$$\frac{d^2p}{dx^2} + \frac{d^2p}{dy^2} = 0,$$

et p sera donné par une série de cette forme

$$p = M_0 \log a + (M_1 \cos z + N_1 \sin z)\frac{R}{a} + \ldots + (M_n \cos nz + N_n \sin nz)\frac{R^n}{a^n} + \ldots$$

les coefficients étant des constantes à déterminer.

z_1 et a étant les coordonnées d'un point du contour, z et R celles d'un point de l'intérieur, on a, pour la distance qui les sépare,

$$r = [R^2 - 2aR\cos(z-z_1) + a^2]^{\frac{1}{2}} = a\left(1 - \frac{R}{a}e^{(z-z_1)\sqrt{-1}}\right)^{\frac{1}{2}}\left(1 - \frac{R}{a}e^{-(z-z_1)\sqrt{-1}}\right)^{\frac{1}{2}}.$$

Prenons les logarithmes, et nous aurons

$$\log r = \log a - \frac{R}{a}\cos(\alpha - \alpha_1) - \frac{1}{2}\frac{R^2}{a^2}\cos 2(\alpha - \alpha_1) - \frac{1}{3}\frac{R^3}{a^3}\cos 3(\alpha - \alpha_1) - \ldots$$

Par hypothèse, pour $R = a$, w et $\dfrac{dw}{dR}$, la tangente d'inclinaison de la normale, sont des fonctions données $\theta(\alpha)$ et $\chi(\alpha)$. Examinons donc ce que deviennent, pour $R = a$, les formules

(4)
$$w = p + \int \left(r^2 \log r - \frac{r^2}{2}\right) \varphi(\alpha)\, d\alpha,$$
$$\frac{dw}{dR} = \frac{dp}{dR} + 2\int \log r [R - a\cos(\alpha - \alpha_1)] \varphi(\alpha)\, d\alpha.$$

Remplaçons $\alpha - \alpha_1$ par θ, désignons par U ce que devient

$$r^2(\log r - \tfrac{1}{2})$$

quand on fait $R = a$, et nous aurons

$$U = 2a^2(1 - \cos\theta)(\log a - \tfrac{1}{2} - \cos\theta - \tfrac{1}{2}\cos 2\theta - \tfrac{1}{3}\cos 3\theta - \ldots)$$
$$= 2a^2\Big[\log a - (\log a + \tfrac{1}{4})\cos\theta$$
$$+ \tfrac{1}{6}\cos 2\theta + \tfrac{1}{24}\cos 3\theta + \ldots + \frac{1}{n(n^2-1)}\cos n\theta + \ldots\Big].$$

La fonction $\varphi(\alpha)$, qui a 2π pour période, peut se représenter par la série

$$\varphi(\alpha) = A_0 + A_1\cos\alpha + B_1\sin\alpha + A_2\cos 2\alpha + B_2\sin 2\alpha + \ldots,$$

et l'on en conclut facilement, pour la première condition au contour,

$$M_0 \log a + 4\pi a^2 A_0 \log a$$
$$+ [M_1 - 2\pi a^2(\log a + \tfrac{1}{4})A_1]\cos\alpha_1 + [N_1 - 2\pi a^2(\log a + \tfrac{1}{4})B_1]\sin\alpha_1$$
$$+ \ldots\ldots\ldots\ldots\ldots\ldots\ldots\ldots\ldots\ldots\ldots\ldots\ldots\ldots\ldots\ldots\ldots\ldots\ldots\ldots$$
$$+ \left[M_n + \frac{2\pi a^2}{n(n^2-1)}A_n\right]\cos n\alpha_1 + \left[N_n - \frac{2\pi a^2}{n(n^2-1)}B_n\right]\sin n\alpha_1$$
$$+ \ldots\ldots\ldots\ldots\ldots\ldots\ldots\ldots\ldots\ldots\ldots\ldots\ldots\ldots = \theta(\alpha_1).$$

216   CHAPITRE VI. — ÉQUILIBRE ET MOUVEMENT VIBRATOIRE DES PLAQUES, ETC.

On obtient ensuite de la même manière, pour la seconde condition au contour,

$$\tfrac{1}{2}\pi a(\log a + \tfrac{1}{2})A_0$$
$$+ \left[\frac{M_1}{a} - 2\pi a(\log a + \tfrac{1}{2})A_1\right]\cos z_1 + \left[\frac{N_1}{a} - 2\pi a(\log a + \tfrac{1}{2})B_1\right]\sin z_1$$
$$+ \left(\frac{2M_2}{a} + \frac{2a\pi}{6}A_2\right)\cos 2z_1$$
$$+ \ldots\ldots\ldots\ldots\ldots\ldots$$
$$+ \left[\frac{nM_n}{a} + \frac{2a\pi}{n(n^2-1)}A_n\right]\cos nz_1 + \left[\frac{nN_n}{a} + \frac{2a\pi}{n(n^2-1)}B_n\right]\sin nz_1$$
$$+ \ldots\ldots\ldots\ldots\ldots\ldots\ldots\ldots\ldots\ldots\ldots = \chi(z_1).$$

Dans chacune de ces équations, on sait calculer le coefficient de $\cos nz_1$, ce qui permet de déterminer M_n et A_n, et l'on obtient de même N_n et B_n. Les deux séries de coefficients qui entrent dans la formule (4) sont donc connues.

J'ai résolu le même problème pour la plaque elliptique (*Journal de Liouville*, 1869).

FIN DE LA PREMIÈRE PARTIE.

TABLE DES MATIÈRES.

Préface... v

CHAPITRE I.
CONSIDÉRATIONS GÉNÉRALES SUR L'ÉLASTICITÉ DES CORPS SOLIDES.

Définition des forces élastiques.. 1
Équations exprimant l'équilibre d'élasticité d'un corps solide....................... 5
Équations de son mouvement vibratoire... 10
Distribution des forces élastiques autour de chaque point d'un corps solide... 11
Détermination des forces élastiques principales... 16
Déformations très petites d'un corps solide.. 18
Ellipsoïde des dilatations... 24
Expressions des composantes des forces élastiques au moyen des déformations... 26
Travail élémentaire des forces élastiques... 28
Réduction à 21 du nombre des coefficients des expressions des composantes élastiques... 30
Forme générale des équations de l'élasticité.. 31
Cas où le corps possède un axe d'isotropie... 35
Cas où il est isotrope... 37
Cas où il a un plan de symétrie... 38
Sur l'hypothèse de l'attraction mutuelle des molécules d'un corps solide suivant une fonction de la distance... 39

CHAPITRE II.
CORPS ISOTROPES. — SOLUTIONS DE QUELQUES PROBLÈMES SUR L'ÉQUILIBRE D'ÉLASTICITÉ DE CES CORPS.

Équations de l'équilibre d'élasticité... 45
Corps soumis à une pression uniforme sur toute sa surface........................ 48
Allongement d'un corps prismatique par la traction................................... 50
Travail des forces élastiques... 52

M. — *Élast.* 28

	Pages
Sphère creuse soumise à une pression intérieure et à une pression extérieure............	54
Équilibre d'élasticité d'un cylindre creux.....................................	57
Sur la valeur du rapport des deux constantes d'élasticité...........................	62

CHAPITRE III.

TORSION ET FLEXION DES PRISMES OU CYLINDRES.

Torsion d'une tige circulaire ou elliptique.....................................	63
Torsion d'un prisme à base rectangle..	68
Sur la torsion de différents cylindres...	71
Torsion et flexion simultanées de cylindres dont la section est quelconque.............	73
Résolution des équations différentielles de ce problème...........................	76
Décomposition de la déformation totale en déformations partielles.................	83
Application de la théorie précédente aux problèmes de la pratique..................	87
Cas où la section du cylindre a des axes de symétrie.............................	91
Flexion du cylindre elliptique...	94
Flexion du prisme rectangle..	96
Recherches de l'ellipsoïde d'élasticité dans un cylindre fléchi et tordu................	101
Conditions de résistance à imposer aux corps solides.............................	102
Conditions de résistance permanente d'un cylindre..............................	105

CHAPITRE IV.

ÉQUATIONS DE L'ÉLASTICITÉ EN COORDONNÉES CURVILIGNES.

Rappel des principes de la théorie des coordonnées curvilignes.....................	107
Expressions des dilatations, des glissements et des rotations.......................	110
Expressions des forces élastiques à l'intérieur d'un corps isotrope...................	114
Travail des forces élastiques dans ce corps.....................................	116
Équations de l'équilibre d'élasticité dans ce corps...............................	118
Équations de l'élasticité en coordonnées provenant d'un système de surfaces et de lignes orthogonales à ces surfaces...	120
Équations exprimant l'équilibre des forces élastiques.............................	125
Démonstration géométrique des équations précédentes...........................	127
Équations de l'élasticité en coordonnées cylindriques............................	131
Ces équations en coordonnées sphériques.....................................	134

CHAPITRE V.

DÉFORMATIONS, QUI NE SONT PAS TRÈS PETITES, DES TIGES MINCES.

Équilibre des forces élastiques sur la tranche d'une tige qui est droite à l'état naturel....	136
Détermination du rayon de courbure de l'axe de la tige...........................	142
Équations de l'équilibre d'une tige droite par rapport à des axes fixes................	143
Emploi des formules de la flexion et de la torsion...............................	145

TABLE DES MATIÈRES. 219

Pages

Déformation d'une tige primitivement courbe... 147
Équilibre d'une tige primitivement droite qui n'est sollicitée par aucune force extérieure
  en dehors de ses extrémités.. 149
Flexion d'une tige dont l'axe est une courbe plane..................................... 157
Comment les équations différentielles de ce Chapitre se simplifient, quand on suppose très
  petites les déformations de la tige mince....................................... 162
Vibrations transversales, longitudinales et tournantes des tiges droites................ 167

CHAPITRE VI.

ÉQUILIBRE ET MOUVEMENT VIBRATOIRE DES PLAQUES ET MEMBRANES PLANES.

Expression du travail des forces élastiques dans une plaque plane..................... 171
Équation du principe des vitesses virtuelles... 175
Calcul du déplacement transversal dans la plaque..................................... 177
Calcul du déplacement longitudinal... 181
Forme des conditions aux limites du mouvement transversal............................ 183
Sur la solution simple des équations du mouvement vibratoire transversal des plaques... 184
Équations de condition sur le bord de la plaque, données par Poisson et Cauchy........ 187
Équilibre d'élasticité et mouvement vibratoire d'une membrane........................ 192
Seconde solution du problème de la membrane.. 198
Équilibre d'élasticité d'une plaque circulaire....................................... 200
Mouvement vibratoire d'une plaque circulaire... 207
Équilibre d'élasticité d'une plaque circulaire dont on maintient la déformation du
  bord... 213

www.ingramcontent.com/pod-product-compliance
Lightning Source LLC
Chambersburg PA
CBHW062001180426
43198CB00036B/1909